添削形式で学ぶ
科学英語論文

執筆の鉄則51

斎藤恭一
Kyoichi Saito

講談社

はじめに

　私は千葉大学工学部で「バイオマテリアル研究室」という名の研究室を，梅野太輔先生，河合繁子先生と協力して運営している。研究室に4年生が入ってきてから，学生と教員は，学生が学部で卒業するときには1年間，修士課程2年で修了するときには3年間を共にする。学生が社会に出て活躍していけるように，多くのことを学んでもらいたい，能力をつけてもらいたいと思っている。

　「挨拶」「試薬やガスボンベの注文の仕方」「試薬の管理」「廃液の処理」「共同研究先への連絡や報告」「装置の修理依頼」「お客さんへのお茶出し」「居室の掃除」などなど，研究とは一見，無関係な仕事「雑用」が研究室にはたくさんある。それを学生に分担してもらう。研究室がどう回っているのかを学生にわからせないといけない。一方で，学生は世界中で誰もやっていないだろうという課題に取り組み，成果を出して，「特許申請」「学会発表」「論文掲載」を狙うのである。そうした業績がないと，研究資金が集まらずに，研究室の運営がままならなくなる。

　雑用を怠る学生が，優れた研究成果を出したことはないことを断言しておきたい。研究のアイデアは一人で考え出すことはできても，研究の遂行は決して一人の力ではできない。また，「学業の優秀さ」と「研究の進み具合」にも正の相関がない。研究は気力が原動力であって，知力だけでは大きく動かせない。「いけない，いけない」つい日頃のうっぷん晴らしの文になってしまった。

　「グローバル人材の育成」と大学は盛んに言う。TOEICの点数アップを指標にしたりする。TOEICが880点であっても理系英語を書けない。「日本語で文がろくに書けもしないうちに，英語を勉強しても身に付かない」という単純なことも理解せずに，グローバル人材教育と叫ぶのは止めにしよう。研究室の現場を知ってから発言してほしい。「教育は現場で起きている！」千葉大学の研究室と理化学研究所の研究室とは違うのだ。「いけない，いけない」定年退官して怖いものなしの発言になってしまった。

　話をもとに戻そう。研究室に学生が入ってきてから出ていくまでに，それなりに理系の英語力をつけてもらうには工夫がいる。「昔は，自分で勉強したものだ」と言いたい先生もいるだろう。自分で勉強してきた私もそう言いたい。しかし，考えてみると，その昔，研究室は業績をそれほど気にしなかった。研究費も潤沢ではないにせよ，国からうすく広く配分され，なんとか凌ぐことができた。

時間に余裕もあって，他に面白いこともなく，理系英語の「きっかけ」があった。情報もあまりなく，むしろ危機感を感じる機会も多くあった。それがあったから今がある。それに指導者がいなくても，学生が育っていくなら，それは教育者として少し寂しいではないかと私は思うようになった。

　この本は，私の研究室で実践している「読み」「書き」「赤ペン」の実例をもとに，理系英語の学習法を語っている。この本だけ仕上げれば終わりではないが，必ず始まるはずである。この本を繰り返し，繰り返し読んで，本がボロボロになるほどに使ってほしい。必ず理系英語は上達するはずである。できれば，研究室に配属される前に，例えば，3年生までに，この本の内容を習得してほしい。そうすれば，自信をもって研究室に入っていけるだろう。

　この本の特徴の1つが，日本の技術者・科学者10名の名言を英訳した点です。ここでは，千葉大学で理系英語の講義を共に担当したベンソン華子先生（現在，立命館アジア太平洋大学）と，30年間，私の英文を校閲くださっている櫨山雄二先生（ミューリサーチ）に多大なご協力をいただきました。ありがとうございました。

　原稿の内容に共感し，企画を通し，編集を進めてくださった講談社サイエンティフィクの慶山篤氏に心より感謝いたします。

2019年 新緑の頃
斎藤　恭一

添削形式で学ぶ科学英語論文 執筆の鉄則51

目次

はじめに　iii

第I部　論文の基礎

第1章　論文を書く理由　2

給料をもらうために論文を書く　/2
研究費を獲得するために論文を書く　/2
思考を整理しアイデアを生み出すために論文を書く　/3

第2章　論文の種類と構成　4

基本はoriginal paper　/4
「たあああ，井村でCAR」　/4

第3章　投稿から掲載まで　6

投稿から掲載までのプロセス　/6
査読者とのバトルの実例　/6
滅多にない一発受理　/7

Reviewer への回答 その1「おっしゃる通りに修正しました」 /7
Reviewer への回答 その2「わざわざ追加実験しました」 /8
Reviewer への回答 その3「この実験，たいへんだったのです」 /9
一発拒絶 その1 お見通しだ。データ不足 /9
一発拒絶 その2 雑誌のたらい回し /10
一発拒絶 その3 完全に振られた /11

第 II 部　読みの巻

「読み」のはじめに /14

第 4 章　たかが of されど of　15

① **Macromolecules** /15
② **Scientific Reports** /16
③ **Biomacromolecules** /17
④ **Nature Communications** /18
⑤ **ACS Chemical Biology** /19

第 5 章　and を見たら心に警報を鳴らそう　21

⑥ **I & EC Research** /21
⑦ **Nature Communications** /22
⑧ **Analytica Chimica Acta** /23
⑨ **ACS Chemical Biology** /24
⑩ **New Journal of Chemistry** /25

第 6 章　日本語訳を読んで変なら直そう　27

- ⑪ Nature Communications ／27
- ⑫ Metabolic Engineering ／28
- ⑬ Applied and Environmental Microbiology ／29
- ⑭ Nature Communications ／29
- ⑮ Microbiology Research ／30

 第Ⅲ部　書きの巻

「書き」のはじめに ／34

第 7 章　『緒言』を書く　35

緒言には，現在形，現在完了形，過去形が混ざる ／35
① 重水は，水の電気分解によって工業的に製造されてきた。 ／36
② 軽水および重水の凝固点は，それぞれ 0.00 および 3.82 ℃である。 ／37
③ しかしながら，冷却や凍結に基づく方法には過冷却が起こる場合がある。 ／37
④ 本研究では，過冷却を防ぐために，筆者らはヨウ化銀（AgI）の氷晶形成能および捕捉能を利用した。 ／38
⑤ 塩化ナトリウム（NaCl）を最大 1 M までの濃度で含む軽水および重水の凝固を，AgI の存在下と非存在下で比較した。 ／39

第 8 章　『実験』を書く　41

実験は過去形で書く　41
⑥ 硝酸銀（AgNO3）溶液をヨウ化カリウム（KI）溶液に加えて，25℃でヨウ化銀の沈殿を作った。　42
⑦ 重水として99.9％の純度の重水を和光純薬工業(株)から購入した。　43
⑧ さらに，それぞれのチューブを，-5.0から5.0℃までの規定温度に保った恒温水槽に浸した。　44
⑨ チューブ内の水を攪拌せずに1時間後，それぞれのチューブをその水槽から取り出し，その中身が凍っているかどうかを判定した。　45
⑩ 比較のため，AgI結晶を入れないで同様の実験をおこなった。　46

第 9 章　『結果と考察』を書く　47

結果と考察は，現在形⇒過去形⇒現在形と移る　47
⑪ AgI結晶の存在下で1時間の冷却後に凍結したサンプル数と冷却温度との関係を図1(a)にプロットした。　48
⑫ さまざまな水の種類の間に著しい差が観察された。　49
⑬ 少なくとも1個のチューブが凍結した温度は，水，50％v/v水/重水，および重水に対して，それぞれ-1.5, 1.0, および2.5℃であった。　50
⑭ 凍結温度のこの順番は重水の凝固点が軽水のそれよりも高いことによる。　50
⑮ AgI結晶が存在しない場合，どの水のサンプルもこの冷却温度範囲で凍結しなかった。したがって，AgI結晶が氷晶形成を促進し，過冷却を削減していることがわかった。　51
⑯ 50％v/v水/重水混合液は，AgI結晶の存在下で0.0℃以上で凍った。それは水と重水とが，1.9℃の凝固点をもつHDOを一部形成するからである。　52
⑰ AgI結晶の存在下での水と重水とで凝固点の観察された差は4.0℃で

⑱ あったのに対して，文献ではその差は 3.82℃ と報告されていた。　/53
⑱ NaCl 濃度を変えて，水，50％ v/v 水/重水，および重水の AgI 結晶の存在下で観察された凝固点を図 2 に示す。　/54
⑲ それぞれの種類の水の凝固点は NaCl 濃度の増加とともに線形に減少した，そしてそのマイナスの勾配の絶対値 1.5℃ kg/mol はそれぞれの水の種類で一致した。　/55
⑳ この値は水の凝固点降下 1.86℃ kg/mol より 19％分低かった。　/56
「書き」の終わりに　/57

コラム　日本の技術者・科学者の名言（ベンソン華子　斎藤恭一　樋山雄二）
　　渋沢栄一　58
　　高峰譲吉　59
　　小平浪平　60
　　早川徳次　61
　　本田宗一郎　62
　　井深大　63
　　樫尾忠雄　64
　　江崎玲於奈　64
　　大村智　65
　　佐川眞人　67

第 IV 部　赤ペンの巻

「赤ペン」のはじめに　/70
ミスの中身はほとんど外見　/71
「セルフ校閲」の勉強の仕方いろいろ　/71

第 10 章　とほほのミス
内容がわからなくても校閲できる　73

Exercise 1 /73
Exercise 2 /74
Exercise 3 /75
Exercise 4 /77
Exercise 5 /78
Exercise 6 /80
Exercise 7 /81
Exercise 8 /82
Exercise 9 /84
Exercise 10 /85
Exercise 11 /86
Exercise 12 /87

第11章 語選と記号のミス
内容が少しだけわかると校閲できる　89

Exercise 13 /89
Exercise 14 /90
Exercise 15 /92
Exercise 16 /94
Exercise 17 /96
Exercise 18 /97
Exercise 19 /99
Exercise 20-1 /100
Exercise 20-2 /101
Exercise 21 /102
Exercise 22 /104

第12章 比較と日本語頭のミス
内容が少しわかると校閲できる　106

Exercise 23 /106
Exercise 24 /107

	Exercise 25	/108
	Exercise 26	/110
	Exercise 27	/110
	Exercise 27-1	/112
	Exercise 27-2	/112
	Exercise 28	/113
	Exercise 29	/114
	Exercise 30	/116

付録A　演習　/118
　　　　1. 強力動詞　/118
　　　　2. 前置詞　/119
　　　　3. 赤ペン　/120

付録B　理系英語の鉄則51　/124

あとがき　126

第 I 部

論文の基礎

第 1 章
論文を書く理由

❖ 給料をもらうために論文を書く

　博士課程の3年生になっても，まともな研究成果が出ていない私が4年目に差し掛かろうとしたとき，たまたま助手のポストが空いて，私は運よく助手に採用されました．工学博士の学位を取得するには自分が第一著者（first author，著者名の先頭にあること）の論文を5つほど揃える必要がありました．そのうちの1つか2つは英文で書かれていることが推奨されていました．私はできるだけ早く学位を取らないと職を追われそうでした．

　私の場合，論文を書くのは「研究成果は論文に発表して社会に還元するべき」といった高尚な理由ではなく，「論文を発表しないと給料がもらえなくなる」という切実な理由でした．研究者は給料に見合う仕事の1つとして「論文を書く」ことが求められます．趣味で研究をしているなら「自前でやってください」と雇い主に言われてしまいます．

❖ 研究費を獲得するために論文を書く

　研究を前進させために，研究費を稼ぐ必要があります．大学から支給される研究費は光熱費などに消えていきます．黙っていても研究費は入ってきません．科学研究費補助（通称，科研費）や民間の研究助成に申請します．科研費は研究組織の規模や研究の進み具合から，萌芽研究，基盤研究（A）～（C）など，いろいろな種類（助成金額も大きく変わります）があります．科研費も研究助成金も「研究するので支援してください」と言ってもお金をくれません．指定された申請書を文と図で埋めないといけません．

　研究の目的から始まり，研究計画，研究方法，さらにこれまでの研究業績を記入します．内容しだいで申請の採択の可否が決まります．研究提案がすばらしいだけではもらえません．研究の遂行能力の証拠として，これまでの業績（論文リスト）がそれなりに必要です．適量にあると信頼されます．審査をする側も責任があるので申請の採択にあたって安心材料がほしいのです．

❖ 思考を整理しアイデアを生み出すために論文を書く

　論文の原稿を書いていく過程で，自分の頭の中でぼんやりしていた思考が整理されます。そこから次の課題が見つかったり，アイデアが浮かんだりすることがあります。私たちが頭の中で考えていることはかなりあいまいです。そこで，それをいったん外に出して書き出す作業が必要なのです。

　「理由」「比較」「価値」を論文の結果と考察のなかで展開していくうちに，思考が深化していきます。現象を正確に描写できるようになります。また，丁寧に論文を作っていくと，間違えていたことや不足していたことにも気付きます。研究は，実験を計画して，その結果を出して終わりではなく，論文を書いて一区切りつけたと言えるのです。

第 2 章
論文の種類と構成

❖ 基本はoriginal paper

　研究雑誌に掲載される論文の種類（形式）には，original paper, rapid communication, note, review などがあります。ここで，original paper は日本語では「原著論文」と呼ばれます。originalの名前からして，origin（起源）ですから，大げさに言うと，世界に向けて初めて発信される研究成果が載っている論文ということです。この掲載によって，研究成果は『公知』，言い換えると，万人の知るところとなりますから，原則として，知財化（特許申請さらに取得すること）が困難になります。

　rapid communicationは日本語では「速報」と呼ばれます。その名の通り，世の中へ研究成果をはやく発表したいときに選ぶ論文形式です。大きな発見や発明をしたと判断したら，研究全体が固まっていなくとも，未完成であっても，大切なデータや性能を発表します。他の研究者に先を越されないように投稿し掲載してもらうのです。もちろん，こちらこそ知財化を急ぎます。研究の全体像は後日にoriginal paperとして投稿すればよいのです。

　reviewは「レビュー」ですが，「総合論文」という呼び方もあります。ある研究テーマあるいは研究者の一連の研究を，振り返って，まとめた論文です。たいていの研究は長い期間（例えば，10年）をかけて，深く掘り下げ，広く推し進めた研究でしょう。あるベクトルをもっています。そのベクトルに一区切りつけて執筆するのがreviewです。書く方も気合いを必要とします。その分，reviewはまとまりがあって読みがいがあります。

❖ 「たああああ，井村でCAR」

　理系人生で，たくさん読み書きする論文はoriginal paperですから，その構成を説明します。もちろん，研究雑誌ごとに投稿規定集（原稿作成のルール集）がありますから，原稿書きはそれに従えばよいのですが，そうはいっても，共通の構成があります。私の「論文の構成の覚え方」を紹介しましょう。「たああああ，井村でCAR」です。

　物語を想像してください。寒い朝，お腹がすいている。車を走らせていると，コ

ンビニが見えてきた。「あっ**たあああ**！」と興奮の余り，"あ"を4回叫んでしまった。車を止めてコンビニに駆け込んだ。そこで「**井村**」屋製の肉まん（あんまんでもよい）を買い，車（**car**）に戻ってパクパク食べた。ああ幸せ」。ここで，コンビニで売っている肉まんが井村屋ではなく，山崎製パンや中村屋の製造品だとややこしくなります。

それでは「**たああああ，井村でCAR**」の種明かしです。

た	<u>t</u>itle	研究題目
あ	<u>a</u>uthor	著者
あ	<u>a</u>ffiliation	所属
あ	<u>a</u>ddress	住所
あ	<u>a</u>bstract	要旨
い	<u>I</u>ntroduction	緒言
む	<u>M</u>ethod	実験方法
ら	<u>R</u>esults	結果
で	<u>D</u>iscussion	考察
C	<u>C</u>onclusion	結言
A	<u>A</u>cknowledgement	謝辞
R	<u>R</u>eferences	引用文献

ここで，Methodの代わりにExperimental（Experimental Section）のこともあります。ResultsとDiscussionとを一緒にして，Results and Discussionとする雑誌が大半です。Referencesの代わりにLiterature Citedとする雑誌もあります。

「**たあああ**」までが論文の顔にあたります。「**井村で（IMRAD）**」が本体，そして「**CAR**」が締めくくりの部分です。これを「南無阿弥陀蓮華経」のようにお唱えすると，科学技術研究の業界人が100年以上もかけて築き上げてきた論文の構成を覚えられます。投稿規定集がなくても，スマホがなくとも，いつでもどこでも，論文の原稿を書けます。

第 3 章
投稿から掲載まで

❖ 投稿から掲載までのプロセス

　私が，自分で論文をまだ一つも書いていないうちは，研究が一区切りついた時点で原稿を書いて雑誌の編集委員会あるいは編集長宛に，手紙を添えて投稿すれば，雑誌に載せてもらえるものだと思っていましたが，それはとんでもない勘違いでした。投稿し，査読を受け，そのコメントや疑問に回答し，OKをもらって掲載に至るまでには相当の時間と労力がかかります。しかも，初めから掲載拒絶されることもあれば，途中でこちらが諦めざるを得ないこともあります。査読者，編集者との相性がわるいときには，消耗戦を避けて，他の雑誌に投稿し直すのもよい手です。

　それでは，投稿から掲載までのプロセスを説明します。原稿について編集長（Editor-in-chief）が査読者（reviewer）を 2 名（3 名のときもあります）割り当てます。査読者はその原稿の内容にドンピシャの専門家とは限らず，周辺の専門家を選ぶこともあります。査読者は原則として匿名ですから，著者は顔の見えない査読者のコメント（意見）に対して，誠実に，迅速に（通常，3 か月以内に）回答書を作る必要があります。知的なバトルです。武器はペン（ワープロ）です。

　編集長は，査読者の意見を聴いて，掲載の可否（原稿を雑誌に掲載するかしないか）を判定します。可なら受理（accepted），否なら拒絶（rejected）の知らせを著者に伝えます。2 名の査読者の評価が大きく分かれたら，もう一人の査読者を追加選出して，その意見を求めてから掲載の可否を判定することになります。掲載可否の最終の決定権は編集長にありますから，2 名の査読者の意見がよくないときでも，編集長が読んでこれは掲載価値があると思えば掲載されるときもあります。

❖ 査読者とのバトルの実例

　私は，これまで 2 つの大学で研究室の学生を指導して，約 210 の審査付き論文を雑誌に掲載してきました。英語の論文の割合は約 70％です。その中から，若い頃のバトルを紹介します。若い頃のバトルだと，原稿の方も未熟ですし，回答書も懸命ですから，参考になります。年をとってからのバトルですと，投稿先が的確になっていて，あまり厳しい意見が来ません。しかも，厳しい意見が来たら，投稿先をあっさり変えます。

滅多にない一発受理

　私の場合，100回に2回くらいの頻度で投稿した原稿が，少しの修正だけで掲載されたことがありました。その場合の編集長からの手紙をつぎに示します。出だしの6語（I am very pleased to accept）で，受理（accept）の朗報とわかります。なお，受理と言っても「受け取りました」という意味ではなく，「掲載決定」という意味です。「校正」をしてから，「掲載」となります。

　I am very pleased to accept your paper, "Binding of Lysozyme onto a Cation-Exchange Microporous Membrane Containing Tentacle-Type Grafted Polymer Branches," MS410393 for publication in BIOTECHNOLOGY PROGRESS. Enclosed are the reviewer's comments. They have made some useful suggestions, which I would like to see incorporated into your manuscript. Please make the appropriate modifications to the manuscript as suggested, and send us three copies, along with a cover letter detailing your revisions.
　I look forward to reviewing your revised manuscript for publication.

Reviewerへの回答　その1　「おっしゃる通りに修正しました」

　100回のうち90回は，2名の査読者からコメントが来ます。著者は，3か月以内に，そのコメントに配慮して，原稿を修正・加筆し，回答書を添えて再度，編集長に送るように指示されます。想定内外のさまざまなコメント（意見）が来ます。そのコメントの一つ一つに真摯に対応することが大切です。多いときには一人の査読者から20項目もコメントが来ることもあります。査読者を怒らせたら終わりです。たとえ査読者の意見が的外れでも，やんわりと受け止めます。それでは査読者への回答の実例を3つ示します。

Comment

　On page 8, line 6- the authors state that lysozyme bound to the SP and SS groups could be eluted quantitatively by permeating the 0.02 M sodium phosphate buffer containing 0.5 M NaCl across the hollow fiber. However, no data are shown. Since elution curves across the starting and diol-group-containing hollow fibers are shown in Figure 6, the authors should show elution curves for SP-T and SS-T fibers for comparison.

原稿が長くなるのを恐れて，図を選んで論文に載せていたところに「the authors should show elution curves」（図を示せばいいのに…）と査読者が勧めてくれているので，あえて逆らうことなく，「おっしゃる通りに，図を加えました」と回答しました。この文に登場するshouldは受験英語で習う仮定法のshouldです。shouldには査読者の「推奨」の気持ちが含まれています。それを無視してはいけません。そこで，回答は

Answer

According to the reviewer's suggestion, elution curves for the SP-T and SS-T fibers have been added to the revised manuscript.

Reviewerへの回答　その2　「わざわざ追加実験しました」

Comment

SEM micrographs and some other instrumental methods could help to clarify the different behavior of SO_3H groups introduced via treatment of the oxiran ring with propane sultone or sodium sulfate.

「SEM micrographs and … could help to clarify …」（SEM（scanning electron micrography，走査電子顕微鏡観察）の写真があると明確になるのになあ…）という査読者の「願望」が含まれています。そこまで言われたら，実験作業がたいへんでもないなら，追加実験をします。改訂原稿でその電子顕微鏡写真を見た査読者は「私の意見に従ってくれて追加実験をしてくれた」と喜んでくれるはずです。査読者は雑誌の読者の代表とも言えます。査読者へのサービスは読者へのサービスなのです。そこで，回答は

Answer

We have performed an additional experiment regarding the comparison of SEM observation of the SP-T and SS-T fibers.

第 3 章　投稿から掲載まで

Reviewerへの回答　その3　「この実験，たいへんだったのです」

Comment

Very little data is actually presented on temperature effects. Only a few data points for the adsorption rate coefficient are presented over a 10 ℃ temperature range. The authors calculate activation energies from 2 points (with a 5 ℃ range) and 3 points (with a 10 ℃), yet provide no estimate of the uncertainty in the value of the activation energy!

　査読者は相当におかんむりです。
第1文「温度効果のデータはほんの少ししかないじゃないか！」
第2文「10 ℃の範囲でしか変えてないじゃないか！」
第3文「2また3点で直線引き，活性化エネルギーを計算していいのか！」最後の文は『.』ではなくて，『!』で終わっています。この記号に怒りが込められています。
　対応を長考した結果，正面突破で回答しました。この実験の事情を正直に述べるしかありません。「この実験では，装置を取り付けたボートに乗って佐賀県の唐津湾内を低速で走り，装置を引っ張りました。ボート借用の費用，人件費も含めてお金がかかります。そして，海水の温度は天候次第です」。こうした事情説明にこの査読者がなっとくしてくれたのかどうか不明ですが，この論文は掲載されました。その回答は

Answer

In the ocean-current system, a bed charged with the AO-C fibers was towed in seawater by a boat: seawater temperature was left to vary. Since the towing experiments simulating the ocean-current system are very expensive, the run number was limited.

一発拒絶　その1　お見通しだ。データ不足

　100回のうち10回程度の頻度で，編集長から拒絶（reject）の手紙が来ました。こうなると一から出直しです。

9

Comment

I have obtained the enclosed reviews of your manuscript, "Attachment of sulfonic acid group ...". In light of the reviewer's comments and my own reading of the manuscript, I regret that publication of the paper in its present form as a preliminary communication is not recommended. Therefore, I am sorry that I cannot accept the paper. I suggest that you consider resubmitting the paper, after completion of the work, as a full paper which emphasizes details of the basic science as well as practical applications.

著者の独り言

編集長自ら読んでいただき恐縮です。ご指摘ごもっともです。この実験を担当した学生は社会に出て他の仕事をしています。ところで，本研究の材料は応用範囲が広いんです。その辺りの価値を認めてもらえませんでしたか？

一発拒絶　その2　雑誌のたらい回し

Comment

This work may be important in bioprocessing, but the paper does not seem to me to be the sort of research work normally published in AIChE Journal. This work is related to membrane development and would be better suited to another journal, such as the Journal of Membrane Science.

著者の独り言

投稿すべき候補雑誌名まで挙げていただきありがとうございます。しかし，その雑誌に拒絶されたので，貴誌に投稿しているのですが…。諦めます。

一発拒絶　その3　完全に振られた

Comment

The reviewers of your several recent manuscripts of this type have consistently recommended that AIChE Journal not publish the work. I have exhausted this group with these manuscripts, and I can easily see that the result of sending this one out for review will be the same. I am therefore declining this submission without further review.

著者の独り言

貴誌は私の憧れの雑誌なのです。こんどの内容なら，なんとかなると思ったのですが，門前払いですか。若気の至りでした。いつか必ず掲載させていただきます。

ここまで説明してきましたように，研究者・技術者は「論文を書く」必要に迫られます。しかも，論文を雑誌に掲載させるには熱いバトルが待っています。そこで，バトルを切り抜けるスキルが必須です。そのスキルを上達させるためにこの本を書きました。

私の40年近くの経験から言うと，あれやこれやといろいろな本を買って学ぶよりも，一冊（できれば，この本）にこだわって，鉛筆（ボールペンでもよい）を持ち，ノートに書き出し，声を出して読むのがよい学習法です。通学・通勤時に演習を繰り返すという『地道な努力』をしないと理系英語力は身に付きません。

第Ⅱ部

読みの巻

「読み」のはじめに

　1週間に一度，1日の午後全部を使って，当研究室に隣接するベンチャービジネスラボラトリーの会議室に研究室全員（約20名）が集まって報告会（週報と呼んでいます）を開催します。そこに"タイトルサービス"という時間帯を設けています。学生は，英語論文3報を選び，その論文のAbstractの英文を全部，日本語文に事前に訳して来ます。そして研究室全員の前で，一文一文を英語で読み，続けて日本語訳も読みます。1報分，読み終わってすぐに，訳文の間違いを指摘するのが私の役目です。学生が読み始めてからこの指摘までの数分間が，私にとって1週間のうちで最も集中している時間です。必ずミスがあると思ってそれを探します。学生と私の真剣勝負です。

　ミスは単語から文法までさまざまです。学部4年生から博士課程の学生へと学年が進むにつれて，論文の内容がわかってくることも手伝って，日本語訳が完璧に近づくため，ミスがなかなか見つかりません。

第 4 章
たかが of されど of

① Macromolecules

This study provides the first experimental insight into the effects of increasing chain dispersity on brush properties of nanoparticle systems.

> **強力動詞**： provide 与える
> increase 増加する（名詞形 increase）
> **ボキャビル**：experimental 実験的な, insight 洞察, chain（高分子の）鎖, dispersity 分散度, brush ブラシ, property 性質, nanoparticle ナノ粒子

学生 M さんの訳

本研究は，ナノ粒子システムのブラシの性質**に関する**鎖の分散度**増大の効果**への最初の実験的**洞察を提供する**。

S 教授の訳

本研究は，鎖の分散度**を増大させたこと**がナノ粒子システムのブラシの性質**に及ぼす**効果の最初の実験的**理解を与える**。

 1. effectを見たらofとonをセットで探す

the　effect
　　　influence　　of A on B
　　　impact

理系英語に多く登場する表現です。effect, influence, impactという単語に出会ったら（9割がた，effectです），内容はさておき，2つの前置詞ofとonのセットを探してください。そして，the effect of A on Bを「AがBに及ぼす効果」と訳します。

increasing を形容詞「増加している」とみなすこともできますが，chain dispersity を目的語とする increasing という動名詞と考えるほうが先です．

② Scientific Reports

To directly test this hypothesis, we used a bar-coded transposon insertion library in tandem with cell sorting to assess genome-wide impact of gene deletions on membrane protein expression.

> **強力動詞：** assess　評価する（名詞形　assessment）
> 　　　　　　delete　削除する（名詞形　deletion）
> 　　　　　　use　使う（名詞形　use）
> **ボキャビル：** hypothesis 仮説，insertion 挿入，library ライブラリー，
> 　　　　　　in tandem with ～　～と並行して，gene deletion 遺伝子欠損，
> 　　　　　　membrane 膜，protein タンパク質，expression 発現

学生 M 君の訳

　この仮説を直接に試すために，筆者らは，細胞選別と**共に直列の**バーコード化されたトランスポゾン挿入ライブラリを用いて，膜タンパク質の発現**における**遺伝子欠損のゲノム全体での影響を評価した．

S 教授の訳

　この仮説を直接に試すために，筆者らは，細胞選別と**並行して**バーコード化されたトランスポゾン挿入ライブラリを用いて，**遺伝子欠損が膜タンパク質の発現に及ぼすゲノム全般での影響**を評価した．

鉄則　2．文頭の to 不定詞は目的

　To directly test this hypothesis，のように，文頭に to 不定詞が来たら，「目的」を表します．ここで，動詞の修飾する副詞は動詞の後ではなく前に置くのがルールです．

3. 述語の後のto不定詞は結果

　もう一つのto不定詞が後半にあります。to assess genome-wide impact はwe used…からつながっていますから、「結果」を表す不定詞です。「わたしたちは〜を使用して…した」と訳します。

 1. effectを見たらofとonをセットで探す

　impactを見つけたらその後に前置詞ofとそれに続くonを探してください。内容はわからなくてもかまいません。impact of A on B は effect of A on B と同じ意味です。「AがBに及ぼす効果」と訳せばまちがいありません。

③ Biomacromolecules

　By simple variation of the molecular weight and end-group functionality of the PEG, we show that the rate of particle degradation as well as the stability of the particles can be tuned.

強力動詞： vary 変える（名詞形　variation）
　　　　　　　degrade 分解する（名詞形　degradation）
ボキャビル：molecular weight 分子量，end group 末端基，functionality 機能，
　　　　　　　PEG ポリエチレングリコール，rate 速度，particle 粒子，
　　　　　　　degradation 分解，stability 安定性

学生 M さんの訳

　そのPEGの分子量および末端官能基の**シンプルな変化**によって，筆者らは，粒子の安定性だけでなく，粒子の分解速度も調整できることを示す。

S 教授の訳

　そのPEGの分子量および末端官能基**を単純に変化させる**ことによって，筆者らは，粒子の安定性だけでなく，粒子の分解速度も調整できることを示す。

4. 動詞の名詞形の後のofは「〜を」と訳してみる

　前置詞ofをいつも「〜の」と訳すのをやめましょう。とくに，ofの前に動詞の名詞形を見つけたら，ofを目的格「〜を」と訳してみてください。すると，理解しやすい日本語文になります。ここではvariationが動詞varyの名詞形ですからof〜 を「〜を」と訳します。さらに，simpleという形容詞をsimplyという副詞に変換して動詞varyにかけます。By simple variation of the molecular weight and end-group functionality of the PEG, の部分を取り出して文にすると，次のようになります。

　We simply vary the molecular weight and end-group functionality of the PEG.

④ Nature Communications

Cell-free systems designed to perform complex chemical conversions of biomass to biofuels or commodity chemicals are emerging as promising alternatives to the metabolic engineering of living cells.

> **強力動詞**： design　設計する（名詞形　design）
> 　　　　　 perform　実施する（名詞形　performance）
> 　　　　　 convert　変換する（名詞形　conversion）
> **ボキャビル**：cell-free 細胞のない（無細胞の），complex 複雑な，chemical 化学の，biomass バイオマス，biofuel バイオ燃料，commodity chemicals 汎用化学品，promising 有望な，alternative 選択肢，metabolic engineering 代謝工学，living cell 生細胞

学生O君の訳

　バイオ燃料または商品化学品に対するバイオマスの複雑な化学変換を実施するようにデザインされた無細胞システムが，生細胞の代謝工学の有望な代替物として現れてきている。

S教授の訳

　バイオマスのバイオ燃料または汎用化学品への複雑な化学変換を実施するようにデザインされた無細胞システムが，生細胞の代謝工学の有望な選択肢として現れてきている。

鉄則 4．動詞の名詞形の後のofは「〜を」と訳してみる

　ofの前にconversionsというconvert（変換する）の名詞形があります。ofを「〜を」と訳したいところですが，前にperform（実施する）があるので，「〜の変換を実施する」とします。ただし，「〜を」はconvert A to BまたはconvertAintoBを気付かせてくれます。conversions of biomass to biofuels or commodity chemicalsは「バイオマスのバイオ燃料または汎用化学品への変換」となります。

💡 commodity chemicals: chemicalはchemistry「化学」の形容詞です。しかし，この形容詞にsがつくと，なんと名詞「化学品，試薬」になります。他にもこれと似た単語に，pharmaceuticals「医薬品」，adhesives「接着剤」があります。

 鉄則 5．後置修飾句：名詞の直後の〜edはthat is〜edとしてみる

　designed to do：過去分詞の前にthat areを補うと関係代名詞節になって訳しやすくなります。

⑤ ACS Chemical Biology

　The lycopadiene pathway is initiated by the squalene synthase(SS)-like enzyme lycopaoctaene synthase(LOS), which catalyzes the head-to-head condensation of two C20 geranylgeranyl diphosphatemolecules to produce C40 lycopaoctaene.

強力動詞： 　initiate　開始する（名詞形　initiation）
　　　　　　　catalyze　触媒する
　　　　　　　produce　生成する（名詞形　production）
ボキャビル： pathway 経路，synthase 合成酵素，enzyme 酵素，
　　　　　　　head-to-head 頭 - 頭，condensation 縮合，molecule 分子

学生 T 君の訳

　リコパジエン経路は**2分子**のC20ゲラニルゲラニルニリン酸**から**C40リコパオクタエン**を生産する**head-to-headの縮合**を触媒する**スクアレンシンターゼ（SS）類似酵素リコパオクタエンシンターゼによって開始される。

S 教授の訳

　リコパジエン経路は，スクアレンシンターゼ（SS）類似酵素リコパオクエンシンターゼによって開始される。そして，その酵素は，**2つ**のC20ゲラニルゲラニルニリン酸**の分子**のhead-to-head縮合**を触媒して**C40リコパオクテン**を生産する**。

> 鉄則　6. カンマ付きのwhichは，「そして，それは…」

　カンマ付きwhich：カンマ付きwhichは非制限用法といって，先行詞を追加説明する働きをします。ですから，「，そしてそれは」と訳します。この文の先行詞はlycopaoctane synthaseです。

> 鉄則　4. 動詞の名詞形の後のofは「〜を」と訳してみる

　of の前にcondensation という動詞condense（縮合する）の名詞形がありますから，「〜を」と訳してもよいところですが，condensationの前にさらにcatalyze（触媒する）があり，後にto produce（生成する）という結果を表すto不定詞があるので，「〜の縮合を触媒して〜を生成する」と，文を左から右へ流れるように訳します。

💡 the squalene synthase-like enzymeとlycopaoctaene synthaseを並べるだけで，the squalene synthase-like enzymeであるlycopaoctaene synthaseと表現しています。the squalene synthase-like enzyme, lycopaoctaene synthase, とカンマで挟んだほうが読者には親切です。

第 5 章
and を見たら心に警報を鳴らそう

⑥ I&EC Research

The adsorption efficiency was systematically evaluated and optimized under various synthesis and operating conditions, i.e., reactant ratio, chelating temperature, particle loading, contact time, and ion strength.

> **強力動詞**： evaluate 評価する（名詞形 evaluation）
>   optimize 最適化する（名詞形 optimization）
> **ボキャビル**：adsorption 吸着，efficiency 効率，systematically 系統的に，synthesis 合成，operating condition 操作条件，reactant 反応物質，ratio 比，chelating temperature キレート温度，particle 粒子，contact time 接触時間，ion strength イオン強度

学生 I 君の訳

吸着効率は，さまざまな合成および操作**条件**，**例えば**，反応物質比，キレート温度，粒子**重量**，接触時間，およびイオン強度のもとで，系統的に評価および最適化された。

S 教授の訳

吸着効率は，さまざまな合成および操作**の条件**，**すなわち**，反応物質比，キレート温度，粒子**添加量**，接触時間，およびイオン強度のもとで，系統的に評価および最適化された。

 7．and 警報：バランスのとれた並列構造を探す

　一つの文に3つも and が登場します。「and 警報」の発令です。「たかが and，されど and」です。and は並列構造をつくる，最重要な単語の一つです。初めの and は動詞 evaluated と動詞 optimized の並列，並列構造は，バランスよくつくりますから，systematically は両方にかかると考えます。

21

2番目のand では,

synthesis
various　　　　　　conditions
and operating

というバランスです。したがって,「さまざまな合成および操作条件」ではなく「さまざまな合成および操作の条件」としました。「の」一つでも大切に訳します。3番目のandは5つの項目の最後尾を表すカンマ付きandです。

 8.　e.g. は for example と読んで「例えば」, i.e. は that is で「すなわち」

　i.e. と e.g. は理系英語に頻出します。ラテン語のid est と exempli gratis の略語です。それぞれ that is（すなわち）と for example（例えば）の意味です。e.g. をeasyに"イージー"と読まないでください。

⑦ Nature Communications

　Environmental pH is a fundamental signal continuously directing the metabolism and behavior of living cells.

> **強力動詞**：　direct　指揮する（名詞形　direction）
> **ボキャビル**：environmental 環境の，fundamental 基礎的な，continuously 連続的に，metabolism 代謝，behavior 挙動，living cell 生細胞

学生 Y 君の訳

　環境のpHは，代謝および生細胞の挙動を連続的に方向付ける基本的なシグナルである。

S 教授の訳

　周囲のpHは，生細胞の代謝および挙動を連続的に指揮する基本的なシグナルである。

 7.　and 警報：バランスのとれた並列構造を探す

　『and 警報』。短い文だからといって油断は禁物です。and の並列構造は

第 5 章 and を見たら心に警報を鳴らそう

```
              metabolism
   the                    of living cells
              andbehavior
```
です。of は metabolism と behavior の両方にかかります。

📖 9．後置修飾句：名詞の直後の〜ing には that 〜を補ってみる

　directing は『後置修飾句』です。現在分詞 directing を修飾する副詞 continuously は現在分詞の直前に置きます。

 environmental：この文は生細胞の話題のようです。「環境の」というほど大きな広さではなく、「周囲の」というほどの大きさです。

⑧ Analytica Chimica Acta

　The results indicate that this nylon-SO_3H fiber phase has a good deal of potential for use in high-throughput analytical and preparative protein separations.

強力動詞：	indicate　示す
	separate　分離する（名詞形　separation）
ボキャビル：	result 結果, phase 相, potential 可能性, high-throughput ハイスループットな，analytical 分析の，preparative 分取の，protein タンパク質，a good deal of かなりの

学生 S 君の訳

　それらの結果は，このナイロン-SO_3H繊維相は**ハイスループット分析および予備**タンパク質分離での利用の大きな可能性をもつことを示している。

S 教授の訳

　それらの結果は，**本研究の**ナイロン-SO_3H繊維相は**ハイスループットな分析用および分取用の**タンパク質分離での利用の大きな可能性をもつことを示している。

鉄則 10．要旨中のthis study，this fiberは本研究，本研究の繊維

this：論文中，とくに，要旨（Abstract）中のthis には，「本研究の」という意味があります。

 鉄則 7．and警報：バランスのとれた並列構造を探す

analytical
high   protein separations
and preparative

この並列構造を読み取って，「ハイスループットな分析用および分析用のタンパク質分離」と訳します。

💡 preparative：prepare には「準備する」という意味があることから，その形容詞形preparative には「予備の」という意味があります。しかしながら，理系ではprepare は強力動詞で「作製する」という意味に使います。新しい物質を作る「合成する　synthesize」と区別して使います。

💡 クロマトグラフィーの世界では，モノを分けて解析する「分析用クロマトグラフィー」とモノを分けて取得する「分取用クロマトグラフィー」があります。その分野の専門用語は，一度なら，間違えて訳してもよいと思います。

⑨ ACS Chemical Biology

To understand LOS substrate and product specificity, rational mutagenesis experiments were conducted based on sequence alignment with several SS proteins as well as a structural comparison with the human SS crystal structure.

強力動詞：　conduct　行う（名詞形　conduction）
　　　　　　　compare　比較する（名詞形　comparison）
　　　　　　　align　一列に並べる（名詞形　alignment）
ボキャビル：substrate 基質，product 生産物，specificity 特異性，rational 合理的な，mutagenesis 変異導入，sequence 配列，crystal 結晶

学生T君の訳

LOSの**基質および生産物特異性**を理解するために，いくつかのSSタンパク質**の**シーケンスアライメント**および**ヒトSS結晶構造との構造比較**に基づく**合理的な変異導入実験が行われた。

S教授の訳

LOSの**基質および生産物の特異性**を理解するために，ヒトSS結晶構造との構造比較**だけでなく**，いくつかのSSタンパク質**との**シーケンスアライメント**に基づいて**合理的な変異導入実験が行われた。

 11．A as well as BではAが主役A

A as well as B：「BだけでなくAも」という意味です。Aに話の重点を置いています。これは not only B but also A に書換えることができますが，A as well as B の方が concise です。

 7．and警報：バランスのとれた並列構造を探す

『and警報』並列構造をバランスよくつくるのが基本ですから，

```
                substrate
    LOS                    specificity
                and product
```

と訳します。この構造を意識できると「LOSの基質および生産物特異性」ではなく「LOSの基質および生産物の特異性」となります。

⑩ New Journal of Chemistry.

In addition, the adsorption properties of the adsorbents, including thermodynamics, kinetics and the influence of critical factors affecting U adsorption from aqueous solution were examined.

> **強力動詞**： prepare 作製する（名詞形　preparation）
> 　　　　　　 include 含む（名詞形　inclusion）
> 　　　　　　 affect　影響を与える

> examine　検討する（名詞形　examination）
> **ボキャビル**：in addition さらに，adsorption 吸着，property 性質，adsorbent 吸着材，thermodynamics 熱力学，kinetics 速度論，influence 効果，critical 決定的な，factor 要因，aqueous solution 水溶液

学生Tさんの訳

　さらに，熱力学，速度論および水溶液からのU吸着に影響を及ぼす臨界要因の影響を含めて，調製した吸着材の吸着物性を調べた。

S教授の訳

　さらに，熱力学，速度論および水溶液からのU吸着に影響を及ぼす決定的な要因の影響を含む，調製した吸着材の吸着物性を調べた。

💡 critical：criticalには，たしかに「臨界の」という意味もあります。そのときには後続の名詞がpressureやtemperatureです。それぞれ「臨界圧力」，「臨界温度」という意味です。しかし，後の単語がfactor（要因）ということもあって「決定的な」を選択します。理系英語ではたいていはone word, one meaningなのですが，たまにこういうのがあります。

💡 , including 〜：前にカンマが来る現在分詞ですから，分詞構文です。この文はandの並列構造がアンバランスなので，よい文とは言えません。

第 6 章
日本語訳を読んで変なら直そう

⑪ Nature Communications

The titres are an order of magnitude over cellular toxicity limits and thus difficult to achieve using cell-based systems.

> 強力動詞： achieve　達成する（名詞形　achievement）
> ボキャビル：titre 力価，cellular 細胞の，toxicity 毒性，limit 限界，
> 　　　　　　thus したがって

学生 O 君の訳

　力価は細胞の毒性限界を超える大きさであり，したがって細胞ベースのシステムを用いて達成することは困難である。

S 教授の訳

　力価は細胞の毒性限界を一桁超過している，したがって細胞ベースのシステムの利用を達成することは困難である。

> 鉄則　12．an order of magnitudeは一桁，two orders of magnitudeは二桁

　an order of magnitude：一桁。直後に over という前置詞が続いていますから「〜を超えて一桁」と訳します。

 achieve using 〜using を分詞構文と判断して「〜を使って達成する」としては間違いです。achieveは目的語をとる他動詞ですから，usingを動名詞として「〜の使用（利用）を達成する」と訳します。

 titre「力価」は私には何のことかわかりません。S教授（私）の専門は生化学ではないので，この文の真の意味はわかりません。みなさんも私もこれから先，わかり切った英文を読んでいくことはまずありません。だからこそ，せめて正しく読

む技術を身につけておくことが肝要です。

⑫ Metabolic Engineering

In total, this represents over an order of magnitude reduction in response time compared to the previously reported strategy.

> **強力動詞**： represent 表す
> reduce 削減する（名詞形 reduction）
> compare 比較する（名詞形 comparison）
> **ボキャビル**：in total まとめると，an order of magnitude 一桁，response 応答，previously 以前に，strategy 戦略

学生 O 君の訳

まとめると，本研究は以前に報告された戦略と比較して，**応答時間において一桁以上の規模**で短縮されたことを表している。

S 教授の訳

まとめると，本研究は以前に報告された戦略と比較して，**応答時間が一桁以上**短縮されたことを表している。

鉄則 12．an order of magnitude は一桁，two orders of magnitude は二桁

an order of magnitude：一桁のこと。2桁になると two orders of magnitude となります。over an order of magnitude「一桁を超えて」という副詞句です。

💡 reduction in ～：「体重の増加」increase in weight と言います。この前置詞 in は増減の対象を指します。

鉄則 10．要旨中の this study，this fiber は本研究，本研究の繊維

<u>This</u> <u>represent</u> <u>reduction</u>. が幹文です。This は「本研究」と訳しましょう。
　S　　　V　　　　O

compared to 〜：「〜に比べて」「〜に比較して」という意味です。

⑬ Applied and Environmental Microbiology

　These results have the potential to reduce potentially deleterious acetylated isoforms of recombinant proteins without negatively affecting cell growth.

> **強力動詞**：　reduce　削減する（名詞形　reduction）
> 　　　　　　　affect　影響を与える
> **ボキャビル**：result 結果，potential 可能性，potentially 潜在的に，deleterious 有害な，acetylated isoform アセチル化アイソフォーム，recombinant protein 組み換え型タンパク質，cell growth 細胞増殖

学生 W 君の訳

　これらの結果は，**ネガティブ**細胞増殖**に影響する**ことなく，**潜在的に組み換え型タンパク質の有害な**アセチル化アイソフォームを削減させる可能性をもつ。

S 教授の訳

　これらの結果は，細胞増殖に**悪影響を与える**ことなく，組み換え型タンパク質の**潜在的に有害な**アセチル化アイソフォームを削減させる可能性をもつ。

 negatively：副詞なのでcell growth（細胞増殖）を修飾していません。affectingという動名詞（名詞形ではありません）を修飾しています。negativeの対立語はpositiveです。negative charge, positive chargeで，それぞれマイナス電荷，プラス電荷のことです。

 ここのto不定詞はpotential（名詞）を修飾しています。形容詞的用法と言います。

⑭ Nature Communications

　Amidoxime-functionalized polymeric adsorbents are the current state-of-the-art materials for collecting uranium from seawater.

> **強力動詞**：functionalize　機能化する（名詞形　functionalization）

```
            collect  採取する（名詞形  collection）
ボキャビル：polymeric 高分子製の，adsorbent 吸着材，current 現在の，
         state-of-the-art 最先端の，material 材料，uranium ウラン
```

学生 Y 君の訳

アミドキシムが官能基化された高分子製吸着材は，海水からウランを採取するための現在の最先端の材料である。

S 教授の訳

アミドキシムによって機能化された高分子製吸着材は，海水からウランを採取するための現在の最先端の材料である。

---

 13. motor-driven vehicle = vehicle driven by motor

　motor-driven vehicle：このハイフンを使った表現では「過去分詞 by ～」と書き換えて訳します。motor-driven vehicle = vehicle driven by motor にならって，
amidoxime-functionalized polymeric adsorbents
= polymeric adsorbent functionalized by amidoxime
「アミドキシムによって機能化された高分子製吸着材」と訳します。

⑮ Microbiology Research

　This difference between the number of colonies found in the presence or in the absence of DNase was observed every time the tests were repeated.

```
強力動詞：  observe   観察する（名詞形  observation）
          repeat    繰り返す（名詞形  repetition）
ボキャビル：difference 差，colony コロニー，in the presence of ～  ～の存在下
         で，in the absence of ～  ～の非存在下で
```

学生 T 君の訳

　DNase存在下または非存在下で見つかったコロニー数のこの違いは，繰り返さ

れた試験**において毎回**観察された。

S教授の訳

　DNase存在下または非存在下で見つかったコロニー数のこの違いは，**試験が繰り返されるたびに，**観察された。

 5. 後置修飾句：名詞の直後の〜edはthat is〜edとしてみる

　　found in the presence of in the absence of DNaseは，coloniesを後から修飾している後置修飾句です。ここで，foundの前にthat wereが省略されていると考えるとこんどは，coloniesを後から修飾している関係代名詞節とみなせます。

💡 every time はまさかの接続詞です。every time S+Vとなると，「SがVするたびに」という意味になります。めったに登場しませんが，苦しまぎれで訳してはいけません。文法を徹底的につきつめて「読む」を心がけないと，結局，その場しのぎの対応になり，「書き」に活かされません。

第 III 部

書きの巻

❖ 「書き」のはじめに

　研究室で英文を書くというのは「論文を書く」ということです。私が初めて英語で論文を書いたのは大学院博士課程3年生の秋です。実験結果が出始めたのは博士課程2年生が終わる頃でした。ですから，それまでの修士2年間と博士2年間，合わせて4年間，ずっと論文を読むばかりの毎日でした。いまとなっては，このinputの期間が長かった分，outputの力がついたとポジティブに考えるようにしています。

第 7 章
『緒言』を書く

❖ 緒言には，現在形，現在完了形，過去形が混ざる

　研究論文を読んでいて，私にとっておもしろい箇所は「緒言（Introduction）」です。自分がそれまで知らなかった話題が登場します。しかも，その話題の科学や技術の紹介があります。それはきっと著者らが相当の時間をかけ調べてまとめたことです。

　緒言を読み進めていくと，課題や問題点を指摘してくれます。そして，いよいよその解決策を提案してくれます。それから，研究論文の目的が明示されるというのが「緒言」の『流れ』です。

　上述のように，研究論文の緒言には『流れ』をもたせます。そのために，緒言にはつぎの3項目のパラグラフ（段落）が必須です。(1) 研究の背景や範囲の記述，(2) 現状の紹介とその問題点の指摘，そして (3) その解決策の提案と論文の目的の明示です。その流れの中で，現在形，現在完了形，そして過去形の時制が入り乱れて登場します。

　ここでは，私たちの研究室の最新の研究論文を例にして「書き」の技術を説明します。話題は『重水の過冷却』です。身近な話題なので選びました。それでは「緒言」です。

「書き」論文の例

ヨウ化銀を使う重水の過冷却の低減

緒　　言

　水は0.015％すなわち150 ppmの重水を含んでいる。重水は核磁気共鳴測定の溶媒として科学者によって使用される。重水は，水の電気分解によって工業的に製造されてきた。軽水と重水との間の凝固および沸騰の温度の差によってそれらを分離できる。軽水および重水の凝固点は，それぞれ0.00および3.82℃である。しかしながら，冷却や凍結に基づく方法には過冷却が起こることがある。本研究では，過冷却を防ぐために，筆者らはヨウ化銀（AgI）の氷晶形成能および捕捉能を利用した。AgIは氷核物質であり，降雨促進剤として使用される。氷晶はAgI結晶上にヘ

テロエピタキシャルで成長する。塩化ナトリウム（NaCl）を最大１Mまでの濃度で含む軽水および重水の凝固を，AgIの存在下と非存在下で比較した。

これは日本海水学会誌に掲載された成毛翔子，藤原邦夫，須郷高信，河合（野間）繁子，梅野太輔，斎藤恭一の論文です。(Shoko Naruse, Kunio Fujiwara, Takanobu Sugo, Shigeko Kawai-Noma, Daisuke Umeno, and Kyoichi Saito, "Reduction of Supercooling of Heavy Water with Silver Iodide," Bulletin of the Society of Sea Water Science, Japan, **72**, 41-42 (2018))

① 重水は，水の電気分解によって工業的に製造されてきた。

幹文の抽出

重水は，水の電気分解によって工業的に**製造されてきた**。

強力動詞： 製造する　manufacture
ボキャビル：重水 heavy water，電気分解 electrolysis，工業的に industrially

鉄則 14. 「…してきた」は継続の現在完了形

「…されてきた」：歴史や経緯を表現する文末です。「…開発されてきた」「…分析されてきた」「…合成されてきた」いろいろあるでしょう。こういうときに使う時制が継続の現在完了形です。「…された」ではなく「…されてきた」なので，「過去の一点」ではなく「過去から現在まで続く線」を表します。

鉄則 15. 手法の前置詞by，道具の前置詞with

「〜によって」：by の後に「水の電気分解」あるいは「水を電気分解すること」とします。言い換えると，名詞を使って electrolysis of water または動名詞を使って electrolyzing water とします。

英文

Heavy water has been industrially manufactured by electrolysis of water.

第 7 章『緒言』を書く

② 軽水および重水の凝固点は，それぞれ 0.00 および 3.82 ℃ である。

幹文の抽出

軽水および重水の凝固点は，それぞれ **0.00 および 3.82 ℃ である**。

ボキャビル：軽水 light water, 重水 heavy water, 凝固点 freezing point

鉄則 16．2 項目を順序よく並べる：A and B, respectively

A and B are a and b, respectively.
「きみはコアラのマーチ，ぼくはパイの実が好きだよね」と言うのが会話です。
「きみおよびぼくは，それぞれコアラのマーチおよびパイの実が好物である」とするのが文書です。口語体と文語体を使い分けましょう。
3 項目を順に並べるときもこのパターンです。
A, B, and C are a, b, and c, respectively.
ただし，カンマの数が 5 つに増えます。

英文

The freezing points of light and heavy water are 0.00 and 3.82 ℃, respectively.

③ しかしながら，冷却や凍結に基づく方法には過冷却が起こる場合がある。

幹文の抽出

しかしながら，冷却や凍結に基づく方法には**過冷却が起こる場合がある**。

強力動詞：　起こる　occur（名詞形　occurrence）
ボキャビル：冷却 cooling, 凍結 freezing, 過冷却 supercooling

💡 「しかしながら」：「しかし」の but と「しかしながら」の however とは似ているようで違います。「しかし」は「そうではない」ですが，「しかしながら」は「そ

第Ⅲ部　書きの巻

れはそれとして」です。

 17. can 0〜100%, may 50%, will 100%

　太田真智子「理系英語で使える強力動詞60（朝倉書店）」によれば，起こる可能性として，0〜100％「…する可能性がある」ならcan，50％「…する場合がある」ならmay，100％「…する」ならwillである。

 5. 後置修飾句：名詞の直後の〜edは that is 〜ed としてみる

「…に基づく方法」：

the method that is based on cooling and freezing. から that is を省略した形にします。その結果，過去分詞を後に置いた修飾句となります。「後置修飾句」と呼んでいます。理系の英文を concise にしてくれる構造の一つです。

■ 英文

However, supercooling may occur in methods based on cooling and freezing.

④ 本研究では，過冷却を防ぐために，筆者らはヨウ化銀（AgI）の氷晶形成能および捕捉能を利用した。

■ 幹文の抽出

　本研究では，過冷却を防ぐために，**筆者らは**ヨウ化銀（AgI）の**氷晶形成能および捕捉能を利用した**。

> 強力動詞：　利用する　use（名詞形　use）
> 　　　　　　防ぐ　prevent（名詞形　prevention）
> ボキャビル：本研究 this study，氷晶 ice crystal，形成 formation，捕捉 capturing，能力 capability

 2. 文頭のto不定詞は目的

「…するために」：目的を述べる『緒言』でのたいせつな一文です。For the purpose of 〜ing という purpose（目的）を使った表現もありますが，to不定詞

38

を使うほうがconcise です。理系英語には，to 不定詞の副詞的用法が，形容詞的あるいは名詞的用法に比べて，圧倒的に多く登場します。文頭（この場合，in this study の後ですが）に to 不定詞を置くと「目的を述べます」と宣言したことになります。「目的の to 不定詞」は文頭に置きます。

> 英文

In this study, to prevent supercooling, we utilized the ice-crystal-forming or capturing capability of silver iodide (AgI).

⑤ 塩化ナトリウム（NaCl）を最大１Ｍまでの濃度で含む軽水および重水の凝固を，AgIの存在下と非存在下で比較した。

> 幹文の抽出

塩化ナトリウム（NaCl）を最大１Ｍまでの濃度で含む軽水および重水の**凝固を**，AgIの存在下と非存在下で**比較した**。

強力動詞：	含む　contain　（名詞形　content）
	比較する　compare　（名詞形　comparison）
ボキャビル：	塩化ナトリウム sodium chloride，濃度 concentration，軽水 light water，重水 heavy water，凝固 freezing

> 鉄則　9．後置修飾句：名詞の直後の〜ingは that 〜を補ってみる

「Nacl を含む軽水および重水」：「軽水および重水は NaClを含む」を英訳すると，Light and heavy water contain NaCl. この文から関係代名詞（that）を使って節をつくると，

Light and heavy water that contain NaCl.

現在分詞（〜ing）を使って後ろから修飾する句を作ると Light and heavy water containing NaCl となります。ＳとＶが入っているなら節（clause），入っていないなら句 (phrase) です。

　「最大１Ｍまでの」：「最大〜までの」には便利なことば up to 〜を使います。

　「〜の有無で」：これも決まり文句があります。in the presence and absence of

〜と言います。presence, absence は，それぞれ出席，欠席という意味を中学校で習いました。

18．主語が能動態 or 受動態を決める

前文の主語は we だからといって，釣られてこの文でも we にしてはいけません。主語はその名のとおり，文の中で最も重要な語です。ここは「凝固を比べた」が幹文ですから，凝固を主語にします。すると，compare が受動態になって続きます。

英文

The freezing of light and heavy water containing sodium chloride (NaCl) at a concentration of up to 1 M was compared in the presence and absence of AgI crystals.

第 8 章
『実験』を書く

❖ 実験は過去形で書く

「書いてあることに従って実験をしたら,同じ実験結果が出ましたと言われるように『実験』を書きなさい」と論文執筆の参考書に書いてありました。そうかと言って,容器の材質,ピペットの製品名,あるいは濾過の手順まで『実験』には書きません。また,大事なノウハウは喜んで記述しないでしょう。

『実験』の時制は過去形です。ただし,実験日は記しません。実験をした日を書くことになっていたら,卒論生(学部4年生)でも100日はありそうです。「2018年11月13日に測定した」と書いてあっても読み手にはナンセンスです。

特別な器具や分析装置は記載します。研究費がそれほどない研究室に育った私は,当時,ICP(誘導結合プラズマ発光分光計)という高価な装置を使って,たくさんの金属の濃度をいっぺんに測定している論文を読むと,うらやましくて仕方がありませんでした。幸運にも数年前にこのICPを自分の研究室に設置できたので,論文にICPの機器名を必ず載せるようにしています。今となってはICPの値段が下がっていて,うらやましがる読者はあまりいないと思います。

それでは「ヨウ化銀を使う重水の過冷却の低減」という論文名の『実験』を紹介します。

---

2. 実験

ヨウ化銀(AgI)の作製

硝酸銀($AgNO_3$)溶液をヨウ化カリウム(KI)溶液に加えて,25℃でヨウ化銀の沈殿を作った。$AgNO_3$とKIの濃度はともに0.1 mol/Lに設定した。24時間後に,AgIの沈殿をデカンテーションによって集めてから,室温で真空乾燥した。重水として99.9%の純度の重水を和光純薬工業㈱から購入した。50%v/v水/重水の混合液をMILLIPORE水と重水を混ざることによって調製した。

水および重水の凝固の観察

はじめに,約30 mgのAgIを,平たい蓋の付いた1.5 mL容量のマイクロ遠沈チューブに加えた。つぎに,1 mLの水,50%v/v水/重水,および重水を分けて

チューブに注いだ。さらに，それぞれのチューブを，-5.0から5.0℃までの所定の温度に保った恒温水槽に浸した。水の型に対して，5個のチューブを調製した。

チューブ内の水を攪拌せずに1時間後，チューブをその水槽から取り出し，その中身が凍っているかどうかを判定した。凍結したサンプルの数を数えた。ここで，凍結点は，少なくとも1個のチューブの中身が凍った温度と定義した。比較のため，AgI結晶を入れないで同様の実験をおこなった。さらに，NaCl濃度を最大1Mまで変えて，水，50%v/v水/重水，および重水の凍結を観察した。

⑥ 硝酸銀（AgNO₃）溶液をヨウ化カリウム（KI）溶液に加えて，25℃でヨウ化銀の沈殿を作った。

幹文の抽出

硝酸銀（AgNO₃）溶液をヨウ化カリウム（KI）溶液に**加えて，**25℃でヨウ化銀の沈殿を作った。

> **強力動詞**：　加える　add　（名詞形　addition）
>   　　　　　　　形成する　form　（名詞形　formation）
> **ボキャビル**：硝酸銀 silver nitrate，溶液 solution，ヨウ化カリウム potassium iodide，ヨウ化銀 silver iodide，沈殿 precipitate

 3. 述語の後のto不定詞は結果

 19. 実験は過去形で書く

「…して，…した」もっと詳しくして「…して，その結果，…した」というときに便利な表現があります。to 不定詞の副詞的用法「結果のto不定詞」です。文法用語はさておき，例として

　A reacted with B to form C.
「AがBと反応して，（その結果）Cを生成した」

　この英文をわざわざ後から訳して「Cを生成するために，AがBと反応した」としないでください。

20. 一点を表す前置詞 at

「25℃で」：25℃という温度の「一点」ですから前置詞には at を使います。読み方は twenty-five degrees centigrade または twenty-five degrees Celsius です。

英文

Silver nitrate（AgNO$_3$）solution was added to potassium iodide（KI）solution to form a silver iodide（AgI）precipitate at 25℃.

⑦ 重水として99.9％の純度の重水を和光純薬工業㈱から購入した。

幹文の抽出

重水として99.9％の純度の**重水を**和光純薬工業㈱から**購入した。**

強力動詞： 購入する　purchase
ボキャビル： 重水 heavy water, 純度 purity

 21. 中学校に入ってすぐ習った動詞を使わない

「購入した」：buy や get は話し言葉なら使いますが，理系英語では使えません。purchase を使います。

 20. 一点を表す前置詞 at

「99.9％の純度の」：99.9％という純度のある「一点」ですから前置詞 at で表します。

💡 会社名：キリン株式会社であって株式会社キリンではありません。「後株（あとかぶ）」，それとも「前株（まえかぶ）」なのか，インターネットで調べてから記載してください。さらに，キユーピー株式会社であって，キューピー株式会社ではありません。カタカナの大文字や小文字にも気をつけてください。会社の英語名を自分で作るのは厳禁です。調べるのがマナーです。和光純薬工業株式会社は Wako Pure Chemicals Co. ここで，chemical は形容詞ですが，s が付くと名詞になって「試

第Ⅲ部　書きの巻

薬」となります。

> 🏷️ **英文**

　Deuterium oxide (D_2O) at a purity of 99.9% as heavy water was purchased from Wako Pure Chemicals Co.

⑧ さらに，それぞれのチューブを，-5.0 から 5.0℃までの所定温度に保った恒温水槽に浸した。

> 🏷️ **幹文の抽出**

　さらに，**それぞれのチューブを**，-5.0 から 5.0℃までの所定の温度に保った恒温水槽に**浸した**。

強力動詞：　保つ　maintain　（名詞形　maintenance）
　　　　　　　浸す　immerse　（名詞形　immersion）
ボキャビル：所定の prescribed，温度 temperature，恒温水槽 thermostated water bath

---

> 📖 **鉄則　22．First, Second, Third, と順に書く**

　「さらに」：この文の前の日本語文を読むと，「まず」「つぎに」「さらに」という3段階のうち3段階めですから First, Second, そして Third, という副詞を使います。In addition は，議論を加えていくときに使います。

> 📖 **鉄則　23．範囲を表すのは動詞も名詞も range**

　「〜から〜までの」：『実験』では，実験条件を変化させたときの範囲を記すことがよくあります。例えば，「その反応温度を 25 から 80℃の範囲とした」なら，

　The reaction temperature ranged from 25 to 80℃.
この range は便利な強力動詞です。range には名詞もあり，前置詞 in を使って in the range from A to B ともできます。

5. 後置修飾句：名詞の直後の〜ed は that is 〜ed としてみる

「〜に保った恒温水槽」：the thermostated water that was maintained in the range from -5 to 5℃ という関係代名詞節をつくって，that was を省略して，the thermostated water bath maintained in the range from -5 to 5℃ とします。これで関係代名詞節が後置修飾句に変わりました。

 21. 中学校に入ってすぐ習った動詞を使わない

「保つ」：keep のフォーマル形の強力動詞 maintain を使います。

英文

Third, each tube was immersed in a thermostated water bath maintained at a prescribed temperature in the range from -5.0 to 5.0℃.

⑨ チューブ内の水を撹拌せずに1時間後，それぞれのチューブをその水槽から取り出し，その中身が凍っているかどうかを判定した。

幹文の抽出

チューブ内の水を撹拌せずに1時間後，**それぞれのチューブを**その水槽から**取り出し，その中身が**凍っているかどうかを**判定した。**

強力動詞：	除去する　remove　（名詞形　removal）
	識別する　identify　（名詞形　identification）
ボキャビル：撹拌 stirring，水槽 water bath，中身 content	

💡 「チューブを取り出し，中身を判定した」が幹文です。「チューブを取り出し，その結果，中身を識別した」というわけではないので，「結果」の to 不定詞ではなく，and でつなげます。

英文

After 1 h without stirring the water in the tubes, each tube was removed from the water bath and its content was identified as either frozen or not.

⑩ 比較のため，AgI 結晶を入れないで同様の実験をおこなった。

幹文の抽出

比較のため，AgI 結晶を入れないで**同様の実験をおこなった**。

強力動詞： 行う　conduct（名詞形　conduction）
ボキャビル：比較 comparison, 結晶 crystal, 実験 experiment

💡 理系の実験では，「そうではない場合」「何もしなかった場合」といった実験が必須です。この実験をコントロール実験または参照実験と呼んでいます。その結果を本筋の実験結果と比較することによって考察に説得力を与えることができます。

鉄則 24. 同様の similar，同一の identical

「同様の」：similar を使います。「同一の」なら identical，「同等の」なら equivalent を使います。

鉄則 21. 中学校に入ってすぐ習った動詞を使わない

「実験をおこなう」：make an experiment は中学校英語です。強力動詞として conduct あるいは perform を使ってください。

英文

For comparison, similar experiments were conducted in the absence of AgI crystals.

第 9 章
『結果と考察』を書く

❖ 結果と考察は，現在形⇒過去形⇒現在形と移る

　いよいよ正念場です。『結果と考察』では，実験研究なら実験データを，理論研究なら計算結果を，図表を使って示します。その成果をはやく読み手に伝えたいでしょうが，その気持ちを抑えて冷静に書き進めます。

　図表の紹介のパターンとして，「y（縦軸）とx（横軸）との関係を図●に示す」「yをxの関数として図●に示す」「yのx依存性を図●に示す」があります。ここは必ず現在形で書きます。つぎは，その図面の解釈を述べます。読み手に図中のプロットを追ってもらいながら，結果を了承してもらいます。例えば，「xの増加とともにyは減少した」「xが増加してもyは一定であった」「xが●を超えるとyは横ばいになった」という具合です。ここは必ず過去形で書きます。

　読み手に結果をOKしてもらった後は考察です。「考察って何を書くんですか？」と訴えてくる学生がいます。20年前の私なら「論文をたくさん読んで自分で何を書くべきかを考えなさい」と不機嫌な顔をして檄を飛ばしていたことでしょう。しかし，それではいつ原稿が仕上がってくるのかわからないので，いまの私は学生にやさしく教えます。「考察は，理由，比較，そして価値の３つを書くんだよ」「２Ｗ１Ｈと覚えておくといいよ。Why?, Which?, How?のことだよ。なぜ？，どっちがいいの？，それでどうなの？」

　まず「理由」。「どうしてこういう結果になったのか」に応えます。「これは…のためである」「これは…に原因がある」とします。つぎは「比較」。従来の研究（先行研究とも呼ばれます）や市販の材料と結果を比べます。同一条件でないかもしれませんが，競わないで逃げるわけにもいきません。さらに「価値」。「この結果によって…が可能になる」「この結果から…を算出できた」とします。考察の個所は現在形や過去形で書きます。

３．結果と考察

　AgI結晶の存在下で１時間の冷却後に凍結したサンプル数と冷却温度との関係を図１にプロットした。さまざまな水の種類の間に著しい差が観察された。少なくとも１個のチューブが凍結した温度は，水，50%v/v水/重水，および重水に対して，

それぞれ，-1.5，1.0，および2.5℃であった。凍結温度のこの順番は重水の凝固点が軽水のそれよりも高いことによる。AgI結晶が存在しない場合，どの水のサンプルもこの冷却温度範囲で凍結しなかった。したがって，AgI結晶が氷晶形成を促進し，過冷却を低減していることがわかった。50%v/v水/重水混合液は，AgI結晶の存在下で0.0℃以上で凍った。それは水と重水とが，1.9℃の凝固点をもつHDOを一部形成するからである。AgI結晶の存在下での水と重水とで凝固点の観察された差は4.0℃であったのに対して，文献では[1]その差は3.82℃と報告されていた。

　NaCl濃度を変えて，水，50%v/v水/重水，および重水のAgI結晶の存在下で観察された凝固点を図2に示す。それぞれの種類の水の凝固点はNaCl濃度の増加とともに線形に減少した，そしてそのマイナスの勾配の絶対値1.5℃ kg/molはそれぞれの水の種類で一致した。この値は水の凝固点降下1.86℃ kg/molより19%低かった。

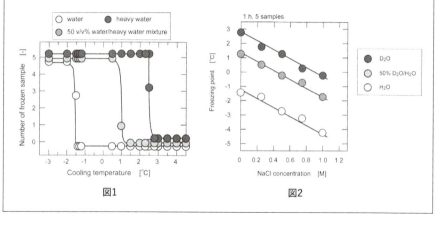

図1　　　　　　　　　　図2

⑪ AgI結晶の存在下で，1時間の冷却後に凍結したサンプル数と冷却温度との関係を図1にプロットした。

幹文の抽出

　AgI結晶の存在下で，1時間の冷却後に凍結した**サンプル数と冷却温度との関係を図1にプロットした。**

強力動詞：　プロットする　plot
ボキャビル：結晶 crystal，冷却 cooling，凍結 freezing，温度 temperature

25. Figure 1やTable 1は固有名詞なので大文字で始める

「図1(a)」は，Figure 1(a) または Fig. 1(a) です．Fig. は Figure の省略形です．ただし，Table 1ではTab. とは省略しません．図1は固有名詞として扱いますから，どこにあっても先頭の文字 F は大文字にします．

 26. 図表に「示した」でも現在形で書く

「図にプロットした」：日本語では「図に示した」などの過去形で書くことが多いのですが，英語では必ず現在形にします．「プロットした」とあっても「示した」ですから強力動詞show でも OK です．

💡 「yとxとの関係を図1に示す」：理系の論文には図が多く登場しますから，この文はスラスラと書けるようにしましょう．

y is shown in Fig. 1 as function of x.
y is shown against x in Fig. 1.

> 英文

The number of frozen samples in the presence of AgI crystals after cooling for 1 h vs cooling temperature is plotted in Fig. 1(a).

⑫ さまざまな水の種類の間に著しい差が観察された．

> 幹文の抽出

さまざまな水の種類の間に**著しい差**が**観察された**．

強力動詞：観察する observe （名詞形 observation）
ボキャビル：著しい marked

 27. 結果は過去形で，考察は現在形で書くのが原則

 28. various, different に名詞の複数形を続けて「さまざまな」

> 英文

A marked difference in freezing profiles was observed between the different types of water.

⑬ 少なくとも1個のチューブが凍結した温度は，水，50%v/v水/重水，および重水に対して，それぞれ，-1.5，1.0，および2.5℃であった。

> 幹文の抽出

少なくとも1個のチューブが凍結した**温度は**，水，50%v/v水/重水，および重水に対して，それぞれ**-1.5，1.0，および2.5℃であった。**

> ボキャビル：少なくとも at least，温度 temperature

鉄則 29．3項目を順序よく並べる：A, B, and C, respectively

3つの項目を順に説明する文です。2つならA and B are a and b, respectively. でした。3つになると，カンマが1つから5つに増えます。A, B, and C are a, b, and C, respectively. 3つの並列ではandの前にカンマをつけます。2つの並列にはカンマ不要です。

> 英文

The temperatures at which the content of at least one tube was frozen were -1.5, 1.0, and 2.5 ℃ for water, 50 % v/v water/heavy water mixture, and heavy water, respectively.

⑭ 凍結温度のこの順番は重水の凝固点が軽水のそれよりも高いことによる。

> 幹文の抽出

凍結温度の**この順番は**重水の凝固点が軽水のそれよりも高い**ことによる。**

> 強力動詞： we ascribe 結果 to 原因

第 9 章『結果と考察』を書く

> **ボキャビル**：凍結温度 freezing temperature，順番 order，凝固点 freezing point

 27. 結果は過去形で，考察は現在形で書くのが原則

　前文の「結果」の理由を説明する「考察」の文ですから，「過去形」から「現在形」へ時制を切り替えます。

 30. 原因 result in 結果，結果 result from 原因

　「A は B による」：A（結果）を B（原因）によって説明する文のパターンはいくつかあります。
　A is ascribed to B.
　A is due to B.
　この反対に，B（原因）から A（結果）へ接続する文のパターンもあります。
　B lead to A.
　B result in A.

 31. of 付き名詞の繰返し回避の that と those

　重水の凝固点が軽水の凝固点より高い。
　The freezing points of heavy water is higher than the freezing point of light water.
　the freezing point の繰返しを避けるために that に置き換えます。

英文

　This order of freezing points is ascribed to the higher freezing temperature of heavy water than that of light water.

⑮ AgI 結晶が存在しない場合，どの水のサンプルもこの冷却温度範囲で凍結しなかった。したがって，AgI 結晶が氷晶形成を促進し，過冷却を低減していることがわかった。

 幹文の抽出

　AgI 結晶が存在しない場合，**どの水のサンプルも**この冷却温度範囲で**凍結しな**

かった。したがって，**AgI結晶が氷晶形成を促進し，過冷却を低減している**ことがわかった。

> 強力動詞： 促進する enhance（名詞形 enhancement）
> 　　　　　 削減する reduce（名詞形 reduction）
> ボキャビル：冷却温度 cooling temperature，結晶 crystal，氷晶 ice crystal,
> 　　　　　 形成 formation

💡 「結果」の文に続けてその価値を述べています。「したがって，」は前の文とのつながりが強いので，ピリオドで切らずにセミコロンでつなぐと英文らしくなります。「カンマ，セミコロン，コロン，そしてピリオド」という4つの句読点を使い分けるようになると，英語が上達したという実感が湧いてきます。

鉄則 32. セミコロンはthereforeとhoweverを伴う

　therefore と however は理系英語にはなくてはならない接続副詞です。どちらも接続詞ではないので，when や because と同じように使えません。しかしながら，セミコロンを前に置けば，文と文をスムーズにつなげることができます。

💡 「〜することがわかった」：be found to 〜を使います。書き手が内容を強調していることを読み手が感じます。

英文

　In the absence of AgI crystals, none of the water samples froze in this cooling temperature range; therefore, AgI crystals were found to enhance ice crystal formation and reduce supercooling.

⑯ 50%v/v水/重水混合液は，AgI結晶の存在下で0.0℃以上で凍った。それは水と重水とが，1.9℃の凝固点をもつHDOを一部形成するからである。

幹文の抽出

50%v/v水/重水混合液は，AgI結晶の存在下で0.0℃以上で**凍った**。それは**水**

第 9 章『結果と考察』を書く

と重水とが，1.9℃の凝固点をもつ**HDO を一部形成する**からである。

> **強力動詞**： form（名詞形　formation）
> **ボキャビル**：一部 partially

鉄則 33．理由の接続詞には since や for ではなく because

「結果」を過去形で述べておいて，その後に「考察」としてその理由を現在形で表す文です。結果の文をピリオドで一度終えて，その後，This is because …と続けることもできます。ここは，長い文ではないので，直接 because 節を続けています。

鉄則 34．上に超えた点の前置詞 above，下に超えると below

「0.0℃以上」：温度計を思い出してください。25℃ で，25℃ 以下，そして 25℃ 以上は，それぞれ前置詞には，at, below, そして above を使います。under や over を使わないようにします。

英文

The 50 %v/v water/heavy water mixture froze above 0.0℃ in the presence of AgI crystals because water H_2O and heavy water D_2O form HDO partially with a freezing point of 1.9℃.

⑰ **AgI 結晶の存在下での水と重水とで凝固点の観察された差は 4.0℃であったのに対して，文献ではその差は 3.82℃と報告されていた。**

幹文の抽出

AgI 結晶の存在下での水と重水とで凝固点の**観察された差は 4.0℃**であったのに対して，文献では**その差は 3.82℃**と報告されていた。

> **強力動詞**：　報告する　report（名詞形　report）
> **ボキャビル**：文献 literature

53

35. 対比をつくるカンマ付きの while, whereas

　理系での研究開発は、競争でもあります。芸術とは違って、研究能力に圧倒的な差はありません。「課題」や「問題点」を解決しようと多くの研究者や技術者が、日々、真剣に工夫を重ねていますから、「このアイデアは世界でだれも思いついていないだろう」と思っていてもよくよく調べると、そのアイデアはすでに提案されていたり、類似の研究がすでに実施されていたりします。研究者や技術者は他の研究とのほんの少しの差を探しながら争っています。そんなわけで、他の研究成果（文献）との比較や対比を心がけるようにします。while や whereas は「対比」の表現にもってこいの接続詞です。

💡 「文献」: literature と言います。引用文献となると literature cited または reference といいます。この雑誌では、右肩に数字を添えて文献を引用しています。引用の仕方は投稿先の雑誌が規定していますから、それに従ってください。

英文

The observed difference between the freezing points of water and heavy water in the presence of AgI crystals was 4.0℃, while the difference was reported as 3.82℃ in the literature[1]).

⑱ **NaCl 濃度を変えて、水、50%v/v 水/重水、および重水の AgI 結晶の存在下で観察された凝固点を図2に示す。**

幹文の抽出

　NaCl 濃度を変えて、水、50%v/v 水/重水、および重水の AgI 結晶の存在下で**観察された凝固点を図2に示す。**

強力動詞：(図表に) 示す　show

 36. y is shown in Figure 1 as a function of x.

(1)『結果と考察』では、まず、図表を紹介し、つぎに、その図表の解釈を述べます。その後に考察、例えば、理由（Why?）、比較（Which?）、または価値（How?）を述べます。いきなり考察に入ってはいけません。挨拶もなく、名

乗らずに，用件を話し始めたらマナーに反するのと同じです。ず（図）にのるなと相手に叱られます。

(2) ここまでの内容を習得していれば，横軸の表し方，3つの項目の並べ方，そして図表の時制に注意して，この文を英語でラクラク書けるはずです。理系英語は美しい英文を書くのではなく，正しい英文を書くことをまず優先させます。

英文

The observed freezing points of water, 50 %v/v water/heavy water mixture, and heavy water in the presence of AgI crystals are shown in Fig. 2 as a function of NaCl concentration.

⑲ **それぞれの種類の水の凝固点はNaCl濃度の増加ともに線形に減少した，そしてそのマイナスの勾配の絶対値1.5℃ kg/molはそれぞれの水の種類で一致した。**

幹文の抽出

それぞれの種類の水の**凝固点は**NaCl濃度の増加ともに線形に**減少した**，そして**そのマイナスの勾配の絶対値1.5℃ kg/molは**それぞれの水の種類で**一致した。**

強力動詞： 減少する decrease （名詞形 decrease）
ボキャビル：凝固点 freezing point，濃度 concentration，線形に linearly,
　　　　　　勾配 slope，絶対値 absolute value

37．Aが増加するにつれてBが増加した：B increased with an increase in A

38．Aが増加するにつれてBが減少した：B decreased with an increasing A

39．AによらずBは一定であった：B was constant irrespective of A

実験で得たデータを横軸と縦軸の項目を決めてプロットしたときに，プロットが夜空に輝く星のように散らばったら，その図はボツになるでしょう。図の

データは大体,「増えた」「減った」「一定であった」です。さらに,その増減のようすは直線であったり,指数関数的であったりします。典型的表現は次のようになります。

y increased linearly with an increase in x.
y decreased exponentially with an increasing x.
y was constant irrespective of x.
y was proportional to x.
y was inversely proportional to x.

鉄則 40. AはBによく一致した:A agreed well with B

「一致した」:頻出表現です。動詞 agree またはその名詞 agreement を使って表します。

A agreed with B.
A was in agreement with B.

「よく一致した」というときには,

A agreed well with B.
A was in good agreement with B.

well は動詞を修飾する副詞,good は名詞を修飾する形容詞というわけです。

英文

The freezing point of each water decreased linearly with NaCl concentration and the absolute values of minus slopes of 1.5 ℃ kg/mol agreed well among each water.

㉙ この値は水の凝固点降下1.86 ℃ kg/molより19%低かった。

幹文の抽出

この値は水の凝固点降下1.86 ℃ kg/molより19%**低かった**。

ボキャビル:凝固点降下 cryoscopic constant

 cryoの部分は,明るくてもクライヨと読みます。

41. 〜より30％高い：higher than 〜 by 30%

　定量的な表現は定性的表現に勝ります。理系の英文作成の大方針として3C（concise, correct, concrete）があります。この3Cは方法論ではなく，めざす方向です。めざす方向が正しくないと，方法論がムダになりますから，3Cを忘れないことが肝要です。この3つめのconcreteがまさに「具体的に数字を使って」ということです。この文もただ「低かった」と高低を言うだけでなく，「19%分」と，差分を付け加えています。「だからどうした！」「それでなぜだ！」と読者から質問が飛んできそうです。しかしそこから逃げてはいけません。その批判が次の研究課題になるわけです。情けないとは思いつつも，「この論文だけですべてが解決あるいは解明されなくてもよい」と私たち（筆者）は開き直っています。

英文

This value was lower by 19% than the cryoscopic constant of 1.86℃ kg/mol of water.

❖ 「書き」のおわりに

　日本語にせよ英語にせよ，考察の文をていねいに書いているうちに，理由がわかってきたり，価値が再認識できたりします。研究すべき次の課題が見つかることさえあります。考察を書く前には不明だったことがわかってきたり，比較しているうちに自分の研究の特徴が見えてきたりします。文が暴走し，思いもよらぬ『新しい風景』（研究の新展開）が拓けてくることがあります。これこそ論文を書く最大のメリットと言えます。

　私たちに頭の中の複雑な思考を文字化して外部へ引き出すことによって，その思考が整理されるのです。読み手へサービスを提供しているうちにアイデアが浮かぶことがあります。いますぐ，文を書き始めましょう。

コラム　日本の技術者・科学者の名言

ベンソン華子　斎藤恭一　櫨山雄二

　名言の英作文です。読者の皆さんも腕試しだと思って，名言の英訳に挑んでください。英作文する必要に迫られて初めて，名言の意味を真剣に把握しようとすることに自ら気づくはずです。

　文系出身のベンソン華子先生と理系出身の私とで，日本の技術者・科学者10名の名言を，相談なく，別々に英訳しました。その英文を櫨山雄二先生に校閲していただきました。千葉大学の学生約100名にどちらの英文が良いかを選んでもらうと，9割が私ではなく，ベンソン先生の英文に軍配を上げました。

　　数字算出の確固たる見通しと，裏づけのない事業は必ず失敗する。
　　　　　　　　　　　　　　　　　　　── 渋沢　栄一〈1840-1931〉

非理系英語

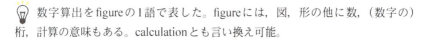 数字算出をfigureの1語で表した。figureには，図，形の他に数，（数字の）桁，計算の意味もある。calculationとも言い換え可能。

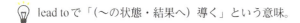 lead toで「（〜の状態・結果へ）導く」という意味。

The lack of clear supporting figures for an economic prospect leads to failure.

理系英語

 「数字算出の」⇒「定量的な」と読み替えて，quantitativeを使った。

 原因（「見通しと目的」）と結果（「失敗する」）があるので，result in や lead to を使える。

　Enterprises with neither quantitatively projected prospects nor clear objectives inevitably result in failure.

> **S教授の一言** 私の研究室は，毎年，9月中旬に『研究室ゼミ旅行』に出かけてきた。2015年の9月に，貸切バスに乗って千葉から群馬に向かい，日本原子力研究開発機構の高崎研究所（かつては原研高崎と呼ばれていた）を見学した後，伊香保温泉のホテルに泊まった。翌日，雨の降る中，世界遺産『富岡製糸場』を見学した。工場内には蚕から絹糸を紡ぐ機械が整然とたくさん並んでいた。この製糸場の建設を企画したのが，埼玉県深谷出身の渋沢栄一だったのを知って驚いた。『銀行の神様』と言われていた渋沢栄一が絹糸の製造技術を知っていたのである。びっくりぽんだった。

発明は科学に基づいていて，経済的に成り立たないといけない。

――**高峰　譲吉**〈1854 – 1922〉

非理系英語

💡 「科学に基づく」＝「科学的に証明された」と読み替えて訳した。

💡 economic feasibility で「採算可能性」の意味。ビジネス用語としてもよく使われる表現。

Invention must be scientifically proven and economically feasible.

理系英語

💡 「科学に基づいて，経済的に成り立たないといけない」では，「科学は基づいてないといけない。そして，経済的に成り立たないといけない」という並列文である。わかりやすくすると，「科学に基づくようにする。そして経済的に成り立つようにする」である。

💡 「経済的に成り立つ」は形容詞で表現できる。economically feasible である。理系ではFS（feasibility studyの略号）という略語があって，「実用性検討」のことである。

Invention must be based on science and be economically feasible.

> **S教授の一言** 私は幼稚園に入るときから小学校6年生まで，東京都品川区の五反田に住んでいた。たまに自転車に乗って，山手線に沿った道を大崎駅，さらには品川駅の方へ冒険した。目黒川が大崎駅と品川駅の区間で大きく曲がるところに，『三共』という大きな文字で書かれた看板を掲げた工場があった。当時，食べ過ぎると，母がくれた薬が青と白色のストライプの箱の「三共胃腸薬」だった。この薬には「タカジアスターゼ（taka-diastase）」という消化酵素が入っていた。この酵素の考案者が高峰譲吉であった。「自分の名前が酵素の名前になるなって，すごいなあ」と思った。

　日本の工業を発展させるためには，それを用いる機械も外国から輸入するだけでなく，自主技術，国産技術によって製作するようにしなければならない。それこそ日本が発展していく道だ。

―― 小平　浪平〈1874-1951〉

非理系英語

💡 to不定詞の副詞的用法の中でも，目的の役割をする文章で始めることで強調した。We must … to deliver success to Japanese industries. も可。

💡 not only A but also B は「AだけでなくBも」の意味になる常套句。

💡 pave the way for ～で「～のために道を開く」という意味。松下幸之助の著書『道をひらく』は英訳されThe pathとして出版されている。

　To deliver success to Japanese industry, we must be able to not only import machinery from outside the country but also produce it domestically using our own techniques. Doing so will pave the way forward for Japanese industry.

理系英語

💡 「発展させるために」を不定詞（副詞的用法の目的）で表した。

💡 「道」はroadにするのかwayにするのか迷って，wayなら技術の方法にもつながると思い，選んだ。

To develop Japan's industry, we must manufacture machines ourselves using original technologies instead of relying on machines imported from overseas. This is the only way of pursuing the development of Japan.

> **S教授の一言** 日立グループの原点である日立製作所の創業者が小平浪平である。2015年12月に,私は日立市にある『小平記念館』を見学させていただいた。日立研究所の入り口の門から記念館へ至る途中に,小平氏が国産モーターを製作した2軒の木造の小屋が保存されていた。この「創業小屋」と呼ばれる小屋の中に入ると,小型モーターの当時の製作工程がわかるような展示があった。大型モーターも数台置いてあった。寒い冬でも暖房がない小屋でモーターが製作されていたのだ。

人に真似される商品をつくれ。

―― 早川　徳次 (はやかわ とくじ) (1893-1980)

非理系英語

💡 originalは形容詞でも名詞でも使用できる単語で, 1文目は形容詞として用いた。2文目とつながりを持たせつつ,名詞として用いcopyと対比させた。

Be original.
An original has more value than a copy.

理系英語

💡 「つくる」には強力動詞の3つ (manufacture, produce, generate) から選ぶことになる。大量製造しないと「商品」にならない。大量製造のときにはmanufactureを選ぶ。

Manufacture a product that others will want to copy.

> **S教授の一言** 毎日のように使っているシャープペンシルは，SHARPの創業者，早川徳次の発明品である。世界中の人が便利で使っている。また，ベルトのバックルも早川の発明品だ。小さい頃に金属加工の修業に出されていたことが，これらの発明につながった。私が小学校の頃，家にあったテレビの製造元は「早川電機」だった。液晶テレビも初めて売り出したのはSHARPだった。

進歩は反省の厳しさに正比例する。

—— **本田　宗一郎**〈1906-1991〉

非理系英語

Great progress rides on the back of deep self-reflection.

理系英語

 「AはBに正比例する」とあるので，理系英語人としては，直訳して，A is proportional to B. 別の表現として，A increases linearly with increasing B. も考えた。しかし，これは，原点を通過するとは限らないので採用しなかった。

 in our future と on our past という対立する句を加えた．

The amount of progress in our future is proportional to the amount of reflection on our past.

> **S教授の一言** 東南アジアの都市，例えば，ベトナムの首都ハノイを旅すると，町中心部では道路幅一杯にバイクが並ぶ。その多くが，HONDA, YAMAHA, KAWASAKIといった日本発のバイクである。本田宗一郎氏は，静岡県浜松市で自転車にモーターを取り付けてバイクを売り出した。「本田技術工業」（略して，本田技研）の創業者である。現場が大好きな社長だったようだ。HONDAは，バイクから自動車，そしていまではジェット機へと事業を展開している。

ある商品の成功への貢献度をウエイト付けすれば，発明の比重は1，開発は10，商品化は100。

—— **井深　大**〈1908-1997〉

非理系英語

💡 「ウエイトを付ける」＝「貢献の度合を評価する」という意味でevaluateを使用した。見積もるや評価するという意味合いをもつ語にestimateもある。evaluateが価値や重要性，いかに役に立つかという能力や効果がどのくらいあるかを判断する意味が強い一方，estimateは数量やサイズ，量など，数えられるものを判断するときに使用されることが多い。

When invention is evaluated in terms of the degree of its contribution to successful production, the development of the product is 10 times more valuable than its invention. Successful production is 100 times more valuable than invention.

理系英語

💡 「比重」を直訳すると，specific gravity（体積あたりの重量）となる。例えば，水の比重は1 g/cm^3（25℃）である。しかし，ここでは，比あるいは比率のことである。そこで，前置詞toを使って表した。

The relative contributions to the success of a product are evaluated as follows: 1 to invention, 10 to development, and 100 to commercialization.

S教授の一言　井深大はソニーの創業者である。ソニーの本社は，東京都品川区大崎にあった。JR山手線の五反田駅から御殿山方面に歩いて10分ほどのところにあった。私は幼稚園生から小学校6年生まで五反田駅から，ソニーとは反対側に10分ほど歩いたところに住んでいた。五反田駅の近くのとんかつ屋さんに井深氏が食べに来るというだけでその店は有名になっていた。それを聞いて小学生の頃の私は「井深さんとは偉い人なんだ」と思った。

やりぬかなくてはという気持ちがさまざまなアイデアを生み出す。

── 樫尾　忠雄 〈1917 – 1993〉

非理系英語

 willは未来形に使用される助動詞の他に，名詞で「意志」という意味があります。その他にも，determination「決意，決心」というのも可。

A strong will generates diverse ideas.

理系英語

 「気持ち」⇒「困難を乗り越えようとする気持ち」，それこそpassionである。

 強力動詞generateを使う。

Passion for achieving the accomplishment of a purpose generates a variety of ideas.

S教授の一言　私が大学に入学した頃，電子卓上計算機（電卓）は高価だった。特に，指数（xのy乗）や対数（$\ln x$）を計算できる電卓は5万円を超え10万円に近い値段だった。私は『化学工学』という化学装置や化学プロセスを設計する工学分野を専攻したので，指数や対数の計算が必要だった。そういう私を救ってくれたのが，カシオが発売した科学技術計算用の電卓だった。いまではCASIOというロゴが世界中に認知され，電卓だけでなく，時計でも大ヒット商品（G-SHOCK）を出している。この会社の創業者の一人が樫尾忠雄である。

新しい分野を見つけることです。そうすれば二流の人間でも一流の仕事ができる。

── 江崎　玲於奈 〈1925年生まれ〉

非理系英語

💡 江崎氏は物理学者であったため,「分野」にresearchを付け足した。

💡 leadingで「先導する」の意味。leading roleで主役や指導的役割＝一流の意味を表した。

Find a new research field, so you can play the leading role.

理系英語

💡 「新しい分野」をa new fieldでは, 物足りないと思い, a novel research fieldとした。

💡 「二流」と「一流」を, それぞれ「普通の」と「優秀な」と読み替えると, ordinaryとexcellentを使える。

Search for a novel research field, where even ordinary people can produce excellent results.

> **S教授の一言** 私が大学に通っていた頃に, 江崎博士が発見した「ダイオード」（江崎ダイオード）でのトンネル効果に対してノーベル物理学賞（1973年）が授与された。玲於奈（れおな）という名は, レオーネから父親がつけたと聞いた。その後もMBE（分子線エピタキシー法）という画期的な半導体超格子構造をもつ製造法を開発している。この名言は一流の人からの貴重なメッセージだ。

科学者は人のためにやらなければダメなんだ。
人のためにやるということが大事。

―― **大村　智** 〈1935年生まれ〉

非理系英語

💡 「人のため」が2回出てきていることから,主語を「人の(幸せの)ため」に読み替えることで,文章を短縮化した。

💡 主語を「人のため」としたことで「科学者は」を in science と訳すことになった。結果,他の分野ではわからないが,(少なくとも)science の分野では「人のため」に研究を行うという意味としても捉えることができるような文章になった。

The well-being of people must be the first priority in science.

理系英語

💡 「人のためにやる」⇒「人々に貢献する」。さらに,具体的にして,「人々の利益や幸福に貢献する」。こうすると,強力動詞 contribute to ～を使える。

💡 「大事」を important では少し,物足りない。そこで,「大事」⇒「優先順位として1位」と読み替え,the premier priority とした。

Scientists must contribute to the benefit and happiness of humankind. This is the premier priority.

S教授の一言 アフリカや中南米での風土病(オンコセルカ症)による数億人の失明を撲滅した「イベルメクチン」という名の薬を無償提供したのが MERCK 社である。この薬を発見したのが北里大学の大村先生である。静岡県伊豆のゴルフ場の周辺から採取した土から見つけた微生物の代謝産物が,まず農薬(抗寄生虫薬)となり,さらに感染症の治療薬となった。こうした功績,特に「線虫の寄生に引き起こされる感染症に対する新たな治療法に関する発見」によって2015年ノーベル生理学・医学賞を受賞した。アフリカでたくさんの子供たちの笑顔に囲まれている大村先生の写真はすばらしい感動を与える。

コラム　日本の技術者・科学者の名言

　もし私に予算配分を任せてもらえるなら，もっと地に足のついた手堅い研究や若手研究者の支援に予算を振り向けたいと思います。

—— 佐川　眞人〈1943年生まれ〉

非理系英語

💡 If I were 仮定法過去の用法で　I was ではなく，wereとなる。最近はwasも使用されることがある。

💡 予算や利益を配分するときにはallocateが適当。allocateの接頭語のa-（またはal-）は「～に向かって」などの方向を表す意味がある。locateは「置く」の意。allocateで「（ある場所に）～を置く」という意味になる。他にも分配するという意味のapportionも一部（portion）を～に向かって（ap-）「振り分ける」という意味になる。

If I were in charge of the budgetary allocation, I would grant it to the more practical work, as well as to that of young researchers.

理系英語

💡 「もっと地に足のついた手堅い研究」⇒「経済的に成り立ち，堅実な」と読み替えて，feasible and solidとした。solidは名詞では「固体」という意味だけれども，形容詞では「堅実な」になる。

💡 「予算を振り向けたいと思います」⇒「予算の配分法を工夫します」として，a method to doという不定詞の形容詞的用法を使った。

If I were requested to allot the budget, I would devise a way to distribute it to more practical and solid research, and to the support of younger researchers.

> **S教授の一言**　ネオジム磁石の切削粉から希少金属rare metalであるネオジム（neodymium）とジスプロシウム（dysprosium）を回収する研究に取り組んだときに，私は史上最強の磁石であるネオジム磁石を知った。4つの元素，ネオジム（Nd），ジスプロシウム（Dy），鉄（Fe），およびホウ素（B）の組成

を変えて，この磁石を作り出したのが佐川眞人氏である。この磁石のおかげで，電車の中でゴトゴトとパソコンが振動しても，あるいは机からゴットンとパソコンが落下しても，メモリー部材がネオジム磁石にしっかりと固定されているので，データが壊れないのである。すばらしい発明である。

第IV部

赤ペンの巻

❖ 「赤ペン」のはじめに

　学生の卒業論文や修士論文の指導のため，30年以上にわたって，放射線グラフト重合法という高分子の修飾手法の一つを採用し，高機能な高分子材料，特に吸着材を作製してきました。定年退官が近づいてきたので，これまでの成果をまとめようと，"Innovative Polymeric Adsorbents: Radiation-Induced Graft Polymerization"という題名の本の原稿を英語で書きました。6章から成り，A4用紙約300枚の原稿となりました。

　出版社に原稿を送る前に，英文の校閲が必要です。学生時代からこれまで40年近く，私の研究室の研究成果を研究雑誌へ投稿するときに英文原稿を校閲してくださった櫨山雄二先生に原稿を読んでいただくことにしました。これまで150報ほどの英語の論文を書いてきたのだから，私の英語は上達していて相当に正しい英文が書けるようになっているかというとそうではありません。研究は学生とともに日々，なんとかおこなっていても，英語とは毎日，接しているわけではありません。

　櫨山先生は，アメリカに留学し，電気化学の分野で博士の学位を得た後，アメリカの大学で教職を得て，研究生活を過ごしました。その後，研究雑誌の出版社Elsevier社に勤めたのです。当時，日本人が投稿してくる原稿の英語がたいへん不評であることを痛感し，日本に帰国後，英文校閲の会社MYU RESEARCHを設立しました。

　今回の原稿を櫨山先生に送って，「英語が上手になりましたね」と誉められたら，「30年にわたる先生のご指導のおかげです」と返事をしようと待っていました。ところが，まったくその予想ははずれたのです。

　原稿枚数が，普段，校閲をお願いする雑誌投稿用原稿の枚数の20倍以上もあったこともあり，櫨山先生はいつもより時間をかけて校閲をしてくださいました。そして返却された原稿は全ページにわたって「真っ赤」でした。当然，お褒めの言葉はもらえず，「よくまとめましたね」という労いの言葉だけもらいました。

　私はがっくりしました。そのとき，ある色紙の言葉を思い出しました。私が大学院生の頃，台湾の国立成功大学の教授で，日本に1年間留学にいらした黄 定加先生から帰国するときに私がいただいた色紙の言葉です。

　　学如逆水行舟　不進則退

　私はここ10年ほど，「理系英語」の舟に確かに乗ってはいましたが，漕ぐのを怠っていました。そのため，私が自信をもって書いた原稿から，櫨山先生によって

私の怠慢を看破され，真っ赤になって返ってきたのです。自業自得とはまさにこのことです。

しかし，ここからが私の真骨頂です。「転んでもただでは起きない」のが私の長所です。ないかもしれない次の機会に備えて，真っ赤な原稿から何百箇所というミスを拾い読み，分類しました。すると，ほとんどのミスが内容に深く関わることではなく，情けないミス，語の順序，語の選択，記号の使い方のミス，そして不正確な比較の文でした。この分類したミスをまとめてテキストをつくり，私が千葉大学で学部２年生向けに担当していた講義「化学英語」で教えました。

定年退官した私には怖いものはあまりありません。「40年も研究者をしてきて英語力はこの程度か！」「中学生でもこういう間違えはしないよ！」「それで学生に化学英語を教えているの？」こうした批判には，私は「はい。そうです」と明るく答えられる心境です。

❖ ミスの中身はほとんど外見

読者の一人一人が理系文書の英文を自分で書いたとします。その英文を自ら正していくプロセスを『セルフ校閲』と呼ぶことにします。「推敲」の言い換えに過ぎません。セルフ校閲力を身につければ，英文を美しくとはなりませんが，英文を正しくできます。

本書の例文は，「放射線グラフト重合法による高分子吸着材の開発」に関する英文です。海水からのウランの採取，福島第一原発の汚染水からの放射性物質の除去，タンパク質の精製，固定化酵素といった話題からの英文です。これらの内容はほとんどの読者には関係のないことでしょう。しかし，ご安心ください。英文のミスは内容とは深く関わっていません。

英文のミスの大部分は中身ではなく，ほとんどが外見です。しかも，中身の場合でも表層に過ぎません。ですから，読者の皆さんが例文のミスを知ったとき，「なあんだ。こんな簡単なミスか！」と思うはずです。ただし，皆さんが「この本を買って損した」とまでは思わないことを私は願うばかりです。

❖ 「セルフ校閲」の勉強の仕方いろいろ

一つの山への登山ルートが多数あるように，『赤ペンの巻』の学習法にもいくつか方法があります。まず，超多忙の読者（それなのに読むところがエライ！）は，Exerciseの英文を読んでセルフ校閲します。そして赤ペンの答えへ飛んで，「そうそう」と納得して終了です。つぎに，ふつうに時間をとれる読者は，単語帳と強力

動詞を読んで，Exerciseの英文の内容を知ったうえで，ミスを指摘してください。それから赤ペンの答えをみて「なるほどね」と納得してください。さらに，じっくり学んでくださる読者は，セルフ校閲はさておき，単語帳，強力動詞を読んだあとにExerciseの英文をていねいに日本語に訳してください。その後でExerciseの英文のミスを理解してください。

第 10 章
とほほのミス
内容がわからなくても校閲できる

❖ **Exercise 1**

A trace amount of the catalyst is contained in PET products such as PET bottles and transparent films.

> 単語帳： catalyst 触媒，PET ポリエチレンテレフタラート，product 製品，
> transparent 透明な，bottle ボトル，film フィルム，
> a trace amount of～ わずかな量の～，such as～ 例えば～
> transparent film プレゼンの一時代を支えた OHP（overhead projector）の台に置いた透明な高分子製フィルム。あれが PET 製フィルムです。若者は知らないかな。
> PET：polyethylene terephthalate（ポリエチレンテレフタレート）の略語です。エチレングリコールとテレフタル酸から水が取れ，つながってできあがる高分子（polymer）です。この反応を進行させるために，酸化ゲルマニウム（GeO_2）や酸化アンチモン（Sb_2O_3）を触媒として使っています。反応液にその触媒を加えるので，製品である PET 中に触媒が微量ながら入っています。
> 強力動詞：contain 含む （名詞形　content）

 アメリカに渡米する

A trace amount of the catalyst is contained in PET products such as **transparent bottles and films.**

 校閲のポイント

「馬から落馬した」はダブってると教わりました。周囲の学生さんに聞くと，「落葉が落ちた」をダブりの例として習うようです。もっとおもしろい例を探していたら「アメリカに渡米した」がありました。この英文には，「PET 製品，例えば PET ボトル」とダブりがあります。PET ボトルを固有名詞のように思っていました。さらに，and の並列構造をバランスよくするために，そ

73

第Ⅳ部　赤ペンの巻

して内容を正しくするためにも，bottles and transparent films を transparent bottles and films とします．

> **日本語訳**
>
> わずかな量の触媒が PET 製品，例えば，透明なボトルやフィルムに含まれている．

> **S 教授の一言**　ここの PET は，猫さん，犬さんといったペットのことではありません．1 リットルサイズの PET ボトルに水を入れて庭の周囲に置いておくと陽の光があたってキラッと光り，猫が庭に入ってこないという話が，ある時期に広がりました．それで，ペットボトルと言うんだという話が信じられました．猫さんは気にせず，むしろペットボトルに近寄っていき，スリスリしています．

❖ Exercise 2

Generally, the term "insoluble" is added to the head of "cobalt ferrocyanide."

> **単語帳**：　generally 一般に，term 用語，insoluble 不溶性の，front 前，cobalt ferrocyanide フェロシアン化コバルト
> soluble 昔は"インスタントコーヒー"と呼んでいましたが，最近は"ソリュブルコーヒー"と呼ぶことに業界が決めました．味は変わりません．soluble は「溶解性の」という形容詞です．これに接頭辞 in が付くと，反対語になって「不溶性の」になります．この接頭辞 in は曲者です．接頭辞 in は「反対にする」とは限らず「強める」こともします．例えば，flammable が inflammable になると，「もっと燃焼性の」になります．
>
> **強力動詞**：add　加える（名詞形　addition）

💡　「"．」が正しいように思えますが，それではなく，英文では「．"」で正しいのです．

吉野家の頭の大盛

Generally, the term "insoluble" is added to the **front** of "cobalt ferrocyanide."

● 校閲のポイント

　筆者の一人（斎藤）は，吉野家の牛丼が半世紀前から大好物です。高校時代，年末になると正月直前まで，築地市場のマグロ卸売の店で，早朝から5日間アルバイトをしました。この時期，刺身が大量に売れるからです。寒くて暗いうちに家を出て，始発電車に乗って市場に着くと，競り落とした重さ100kgもあるマグロを競り場から店へ運びました。仕事が一段落（朝9時頃）すると，店主が朝飯に連れて行ってくれました。その店こそ「吉野家」発祥の店でした。「世の中にこんなにうまいものがあったんだ！」と思いました。私はその味を完全に刷り込まれました。

　吉野家で牛丼の肉をたくさん食べたいときには"頭の大盛"を注文します。そんな習慣が英文に転写されてしまいました。"cobalt ferrocyanide"という用語の「前」に"insoluble"を付け加えるというのを「頭」に付け加えると言ってしまったミスです。牛（ぎゅう）だけに豚（とん）でもないミスです。

日本語訳

　一般に，"insoluble"という用語を"cobalt ferrocyanide"の前に加える。

> **S 教授の一言**　cobalt ferrocyanide：フェロシアン化コバルトという化学物質名です。$Co_2[Fe(CN)_6]$ または $K_2Co[Fe(CN)_6]$ と表されます。その結晶構造は"ジャングルジム（jungle gym）"型です。ジャングルジム中のカリウムイオン K^+ が，海水中でセシウムイオン Cs^+ と入れ替わります。この仕組みを活用して，東電福島第一原発内の汚染海水から放射性セシウムを除去するのに，フェロシアン化コバルトは利用されています。水に対する溶解度がきわめて低いので，「不溶性」の名を付けます。

❖ Exercise 3

The TEPCO Fukushima Daiichi Nuclear Power Plant includes two types of water contaminated with radionuclides: (1) contaminated water stored in tanks and (2) contaminated seawater in the harbor in front of the seawater-intake area of Reactor 1 to 4.

> 単語帳： TEPCO 東京電力株式会社（Tokyo Electric Power Company），
> Fukushima Daiichi Nuclear Power Plant 福島第一原子力発電所，
> type 種類，radionuclide 放射性核種，tank タンク，
> seawater 海水，harbor 港湾，seawater-intake area 海水取水エリア，
> reactor 原子炉
> in front of〜：〜の前に
> radio-：「放射性」を表す接頭辞。radioactivity　放射能
> NPP：power plant は「発電所」のこと。これに nuclear「核の」「原子力の」が付くと，原子力発電所。核分裂反応の熱で作った蒸気によってタービンを回して電気をつくります。その蒸気を水に冷却するのに海水を使うので，日本の原子力発電所は，海岸に沿って設置されています。
> 強力動詞：include　持つ（名詞形　inclusion）
> 　　　　　contaminate　汚染する（名詞形　contamination）
> 　　　　　store　貯蔵する（名詞形　storage）

 注意力は息切れする

The TEPCO Fukushima Daiichi Nuclear Power Plant includes two types of water contaminated with radionuclides: (1) contaminated water stored in tanks and (2) contaminated seawater in the harbor in front of the seawater-intake area of **Reactors** 1 to 4.

● **校閲のポイント**

> 　東京電力福島第一原子力発電所の汚染水を2種類に分類できることを述べた長い文です。長い文の最後になって注意力が切れました。Reactor 1はRが大文字ですから固有名詞です。「1号機」のことです。reactorは，一般には，「反応装置（反応器）」のことですが，原子力分野では「原子炉」を意味します。図に示すように，1〜4号機の前の海水の取水エリアを指しています。Reactor1, Reactor 2, Reactor 3, そしてReactor 4とありますから，Reactorsと複数形にします。1号機は固有名詞ですから，reactor 1ではなく，Reactor 1と大文字で始めます。

42. コロンは「すなわち」or「例えば」

　日本語文には，コロン（colon）やセミコロン（semicolon）は登場しません。英文を書いたときにコロンとセミコロンを使い分けていたら，それは実力のついてきた証拠です。一度習得すると便利な記号です。コロンは分類の場面に頻出します。この文では2種（two types）あると先に言っておいて，「それはですね」とコロンを挿んで説明が続きます。しかも，親切なことに，(1)と(2)と番号がふってあります。

 5. 後置修飾句：名詞の直後の〜edはthat is〜edとしてみる

　water contaminated with radionuclidesの部分は，water that is contaminated with radionuclidesと関係代名詞節からthat isが省略されたとも言えるし，過去分詞contaminatedの後置修飾句とも言えます。

> 日本語訳

東京電力福島第一原子力発電所には放射性核種で汚染された2種類の水がある。一つは，タンクに貯留された汚染水，もう一つは1〜4号機の海水取水エリア前の港湾内汚染海水である。

❖ Exercise 4

　An iminodiacetate group as a chelate-forming group is selected for the removal of a trace amount of heavy metal ions such as lead and copper ions from water.

単語帳： 　iminodiacetate group イミノ二酢酸基，
　　　　　　chelate-forming group キレート形成基，removal 除去，
　　　　　　heavy metal 重金属，ion イオン，lead 鉛，copper 銅
　　　　　　a trace amount of〜：わずかな量の〜
　　　　　　such as〜：例えば〜
　　　　　　lead は，重金属の例ですから「鉛」のこと。発音はレッドであって，
　　　　　　リードではありません。読み間違えると，レッドカードが出されます。
強力動詞： select　選択する（名詞形　selection）
　　　　　　remove　除去する（名詞形　removal）

第IV部　赤ペンの巻

●●の一つ覚え

An iminodiacetate group as a chelate-forming group is selected for the removal of trace **amounts** of heavy metal ions such as lead and copper ions from water.

● 校閲のポイント

> 一つのことを覚えて，何も考えずにそのまま使っていると，ミスをすることがあります。「a trace amount of 〜」で「わずかな量の〜」と私は覚えていました。ofの後に複数がくれば「trace amounts of 〜」になることを言われてようやく「そうか」と気付きました。ああ情けない。

日本語訳

キレート形成基としてイミノ二酢酸基を，わずかな量の重金属イオン，例えば，鉛や銅イオンを水から除去するために選択する。

> **S教授の一言** 金属の分類法は，いろいろです。重金属と言えばそれに対して軽金属，貴金属と言えばそれに対して卑金属です。それぞれ，heavy metal, light metal, precious metal, common metalです。「卑」といっても「卑しい」わけではなく「どこにでもあってありふれている」ので, commonとします。最近は，レアメタル（rare metal, 希少金属）という分類も登場しました。
>
> キレートの語源は「カニのはさみ」です。イミノ二酢酸基が金属イオンを挟んで捕捉します。この化学物質の兄貴のような化学物質がEDTAです。石鹸，例えばハンドソープの成分として，このEDTAが使用されています。「エデト酸」「EDTA-2Na」と記載されています。水中のCa^{2+}やMg^{2+}を挟み取って，それらのイオンが界面活性剤の働きを妨害しないように働きます。

❖ Exercise 5

17β-estradiol that bound to polymer brushes was quantitatively eluted with methanol.

> 単語帳：　17β-estradiol 17βエストラジオール，polymer brush 高分子ブラシ，quantitatively 定量的に，elute 溶離する，methanol メタノール

> quantitatively：quantity が「量」，quality が「質」。学生向けランチのメニューは，量も質もそろっていないと人気が出ません。まず，この名詞を形容詞にすると，
> 　　　quantitative と qualitative
> さらに，副詞にすると，
> 　　　quantitatively と qualitatively
> estradiol と methanol の読み方：diol は「ダイオーウ」，methanol は「メサノーウ」。語尾が l（エル）のときには「ウ」と読みます。
>
> **強力動詞**：bind to 〜　〜に結合する

数字に大文字はない

17β-**E**stradiol that bound to polymer brushes was quantitatively eluted with methanol.

●校閲のポイント

　文の先頭は大文字にするというルールは，筆者は，中学に入って英語の勉強を始めて，最初に教わりました。ここは，17β-estradiolという図に示す化合物が文頭の単語です。17が立派に大文字"風"なので放っておいたら，ダメでした。初めて出てくる英文字（ここでは，estradiolのe）を大文字にします。

 43. カンマを付けない関係代名詞は理系英語ではthat

　理系の英文で使う関係代名詞は次の3つです。(1) 限定用法の関係代名詞that，(2) 非限定用法の関係代名詞，カンマ付きwhich, そして (3) 関係副詞whereです。受験英語とは違って，使い方がシンプルです。ここは，(1) 限定用法のthatです。次のExerciseに登場するカンマ付きwhichが非限定用法です。比べてください。

 15. 手法の前置詞by，道具の前置詞with

　メタノールという「試薬」を使うときには，「道具」と同じ扱いで前置詞にはwith を使います。

日本語訳

ポリマーブラシに結合した17β-エストラジオールを,メタノールを使って定量的に溶離した。

S教授の一言 quantitatively:「定量的に」は分析化学の分野では,100%のことです。液中の対象成分の濃度を測定するのに,まず,1リットルの液中から吸着材を使って100%捕捉します。それを適当な液体1ミリリットルを使ってその対象成分を100%剥がしました。得られた溶離液中に1000倍濃縮された対象成分を定量します。

❖ Exercise 6

Transglutaminase, which has been commercialized from Ajinomoto Co. for adjusting the viscosity of fish meal via the crosslinking of fish proteins, is a convenient enzyme to use because of the mild conditions of its crosslinking reaction.

> 単語帳: transglutaminase トランスグルタミナーゼ, Ajinomoto Co. 味の素㈱, viscosity 粘度, fish meal 魚肉, crosslinking 架橋, protein タンパク質, convenient 便利な, enzyme 酵素,
> mild 温和な(対立語 severe), condition 条件, reaction 反応
> because of~:~のために
> viscosity:「粘度」,粘っこさの度合い。
> crosslinking:タンパク質はアミノ酸から水が取れてつながった高分子鎖からできています。こうした高分子鎖と高分子鎖の途中をちょうど橋を架けるように結ぶことによって,高分子の鎖の動きが抑制されます。自由度を失いますから,全体として粘っこくなります。架橋の度合いを調節して食品,例えば,蒲鉾が作られています。
> 強力動詞:commercialize 商品化する(名詞形 commercialization)
> adjust 調節する(名詞形 adjustment)

 親身になって受け身を扱おう

Transglutaminase, which has been commercialized **by** Ajinomoto Co. for adjusting the viscosity of fish meal via the crosslinking of fish proteins, is a convenient enzyme to use because of the mild conditions of its crosslinking reaction.

● 校閲のポイント

カンマ付きwhichの関係詞節を抜き出すと，次の文になります。
Transglutaminase has been commercialized from Ajinomoto.
「トラスグルタミナーゼは味の素㈱から市販されてきた」という日本語に引きつられてfromを使ってしまいました。受け身（passive voice）は必ず能動態（active voice）に戻して英文を点検することを怠ってはいけないのです。
Ajinomoto Co. has commercialized transglutaminase.
Ajinomoto Co.が主語ですから，受身になるとbyを使います。挿入部分だからといって疎かにできません。

日本語訳

トランスグルタミナーゼ，それは魚タンパク質の架橋によって魚肉の粘度を調整するために味の素㈱によって商品化されていて，その架橋反応の条件が穏和であるので使用に便利な酵素である。

S教授の一言　語尾にaseがつく単語は酵素（enzyme）です。私たちの体には消化酵素が備わっています。だ液にはアミラーゼ（amylase），腸液にはプロテアーゼ（protease），リパーゼ（lipase）などが溶けていて，食物を消化しています。
　読み方に注意が必要です。amylase, protease, そしてlipase，それぞれアミレイス，プロティエイス，そしてライペイスと読みます。-aseのアーゼはドイツ語読みだったのです。かぜ薬「パブロン」（大正製薬）の主要成分の一つが塩化リゾチームです。リゾチーム（lysozyme）は語尾がzymeであるくらいですから酵素です。また，lys-は「分解する」という意味です。リゾチームは菌の壁を分解し溶かす反応を促進するので「溶菌酵素」と呼ばれています。ここでも，問題はその読み方です。ライソザイムと読みます。

❖ Exercise 7

This hollow fiber has an inner and outer diameter of 2 and 3 mm, respectively.

> 単語帳： hollow fiber 中空糸，inner 内側の，outer 外側の，
> diameter 直径，respectively それぞれ
> hollow fiber：中空糸は，マカロニの形をした糸のことです。この中空糸の厚み部分には 0.5 μm 程度の孔が連結して，糸の内側から外側まで，まるでスポンジの内部のように多数のルートで開いています。家庭用浄水器に，中空糸膜がU字状に束になって装填されています。この中空糸膜は，水に溶けているイオンは通しますが，鉄サビや菌などの懸濁物は通しません。家庭にだけでなく，半導体工場の超純水を製造する工程でも中空糸膜が利用されています。

 まとめたんだから複数でしょ

This hollow fiber has inner and outer **diameters** of 2 and 3 mm, respectively.

●校閲のポイント

　an inner diameter and outer diameter としておけば間違いではなかったのに…。とはいえ，diameter が2回近くで登場するのは，「3C」の精神（ここでは，concise）に反します。an をとって diameter に s をつけます。

 16. 2項目を順序よく並べる：A and B, respectively

　項目を2つ以上並べて，それをさらに，並べて詳しく説明するときに，「並びの順が同じである」ことを読み手に伝える単語が respectively です。日本語の「それぞれ（順に）」にあたります。respectively がないと読み手は不安になります。この英文なら　inner diameter = 2 mm，outer diameter = 3 mm です。

日本語訳

この中空糸は，それぞれ2および3 mmの内径および外径を有する。

❖ Exercise 8

At an appropriate interval, an aliquot of the liquid was sampled to determine the concentration of the target.

> 単語帳： appropriate 適当な，interval 間隔，aliquot 一部，liquid 液，sample 採取する，concentration 濃度，target 標的物質
> determine：「はかる」には，たくさんの動詞があります。重さをはかるときには weigh，長さをはかるときには measure，そしてそれなりの装置を使ってはかるときには determine を使います。
>
> 強力動詞：determine　測定する（名詞形　determination）

間隔の感覚を思い起こそう

At appropriate **intervals**, an aliquot of the liquid was sampled to determine the concentration of the target.

●校閲のポイント

「適当な間隔で，液の一部を採取した」という実験内容を説明した文です。少なくとも5，6回は液の一部を採取するでしょう。そうなると，interval も少なくとも4，5回あります。それなのに単数の interval ではいけなかったと反省しました。

鉄則 3．述語の後の to 不定詞は結果

学生さんに to 不定詞を日本語訳してもらうと大抵「〜するために」と訳します。すると，筆者はこう叫びます。「そう訳すのは to 不定詞が文頭にあるときだけだ！」

To determine …, at appropriate intervals, …

このときは，不定詞の副詞的用法の『目的』でよいのです。

一方，to 不定詞が述部の後ろに続くときには，不定詞の副詞的用法の『結果』として訳します。このとき，英文を左から右へ流れるように日本語に訳せます。「採取して，濃度を測った」英文は左から右へと読みながら訳していくのが自然なのです。

日本語訳

適当な間隔で，その液の一部を採取してその標的物質の濃度を測った。

❖ Exercise 9

We achieved a uranium uptake of 0.97g of U/kg of AO-H fibers and a recovery ratio of 31% after 30 days contact.

> 単語帳： uranium ウラン（元素記号 U），uptake 吸着量，fiber 繊維，recovery 回収，ratio 比，contact 接触
> uranium：売っているのに「売らん」という元素です。元素名は一般名詞なので uranium と小文字で書きます。一方，元素記号は固有名詞として扱い，U と大文字で書きます。uranium は「ユレイニウム」と発音するので不定冠詞を付けるときには a を，一方，ultraman では「アルトラマン」と発音するので an を付けます。文字ではなく，あくまで発音から a か an を決めます。
>
> 強力動詞：achieve　達成する（名詞形　achievement）
>   　　　　recover　回収する（名詞形　recovery）

 「30日間に」と「30日間の」との違い

We achieved a uranium uptake of 0.97g of U/kg of AO-H fibers and a recovery ratio of 31% after **30-day** contact.

● 校閲のポイント

> 「30日間，接触させた後に」で「30日間に」なら for 30 days です。しかし，「30日間」を形容詞として使うとなると，day を複数にはしないというルールがあります。そして 30 と day をハイフンでつなげます。

鉄則　44．同格の of：時速50キロで，a speed of 50 km/h

「時速 50 km で」を英訳すると at a speed of 50 km/h となります。ここの of は「同格の of」と言って，「～という」という意味です。「＝」だからといって，at 50 km/h of a speed というように of の前後を逆にしてはいけません。

● 日本語訳

わたしたちは，30日間の接触後に，AO-H 繊維 1 kg あたり 0.97 g というウラン吸着量および 31% という回収率を達成した。

第10章 とほほのミス 内容がわからなくても校閲できる

> **S教授の一言** 日本は四方を海に囲まれているうえに，黒潮（Kuroshio Current）や親潮（Oyashio Current）といった海流が近くを通り過ぎていきます。日本には新しい海水がいつも供給されています。この海水1m³中に3mgのウランが溶けています。このウランを固体の吸着材を使って捕集（採取）して「海水産ウラン鉱石」をつくろうというのが海水ウラン採取の研究の目的です。原発の燃料の原料であるウラン資源の涸渇に備えて，アメリカや中国で研究が進んでいます。20年前は日本が海水ウラン採取研究のトップランナーでした。

❖ Exercise 10

However, the porous hollow-fiber membrane as a starting material is costly, we use a commercially available nylon fiber as an alternative polymer.

> **単語帳：** however しかしながら，porous 多孔性の，hollow-fiber membrane 中空糸膜，starting material 出発材料，costly コストが高い，commercially available 市販の，nylon fiber ナイロン繊維，alternative 代替の，polymer 高分子
> commercially available：初めて出会ったときには，どう訳していいのかと困りました。「商売上，利用できる」というわけで，「市販の」となります。
> alternative：パソコンの付属品の一つ「alternating current（AC）」となると「交流」です。ACアダプターをコンセントに差すと，交流が直流に変換されます。

接続副詞は文を接続できません

However, the porous hollow-fiber membrane as a starting material is costly, **so** we use a commercially available nylon fiber as an alternative polymer.

●校閲のポイント

> howeverとthereforeは，理系英文に頻出します。しかし，butが接続詞なのに対して，howeverは接続副詞です。そのため，文と文をつなげるまでの力はありません。この英文で言えば，howeverはcostlyまでを担当しています。そ

の後は面倒みることができません。そこで，soで入れて文をつなぎます。

日本語訳

しかしながら，出発材料としての多孔性中空糸膜はコストが高くつく，そこで，私たちは代替ポリマーとして市販のナイロン繊維を使う。

❖ Exercise 11

Impregnation of neutral extractants as well as acidic and basic extractants are required to extend the application of membranes to the collection of valuable metal species.

> 単語帳： impregnation 担持，neutral 中性の，extractant 抽出試薬，acidic 酸性の，basic 塩基性の，application 適用，membrane 膜，collection 捕集，valuable 貴重な，metal 金属，species 種，
> application of A to B：「apply A to B」（A を B へ適用する）の名詞版です。
> species：「種（"たね"ではなく"しゅ"と読みます)」
> 強力動詞：require 必要とする（名詞形　requirement）
> extend 拡張する（名詞形　extention）

 たかが三単現，されど三単現

Impregnation of neutral extractants as well as acidic and basic extractants **is** required to extend the application of membranes to the collection of valuable metal species.

●校閲のポイント

> 筆者は，中学に入学して英語を習い始めました。まず初めに覚えたルールは「英文は大文字で始める」というルール，つぎに覚えたルールは『三人称単数現在（略して，三単現）』でした。あれから50年近く経っても，主語の部分が長くなると，いまだに三単現でミスします。三単現を英語で言うと，the third person singular presentです。「さんたんげん」と言えば済むので日本語は便利です。ここは主語がimpregnationです。extractantsに惑わされてはいけません。

11. A as well as B では A が主役

A as well as B：「B だけでなく A」と訳します。

日本語訳

酸性や塩基性の抽出試薬だけではなく中性の抽出試薬の担持が，多孔性貴重な金属種の捕捉への膜の適用を拡張するのに必要である。

❖ Exercise 12

To promote the use of enzymatic reaction systems, enzymes have been immobilized on various solid supports through covalent binding, adsorption, and physical entrapment by numerous researchers.

単語帳： enzymatic reaction 酵素反応，system システム，enzyme 酵素，numerous 多くの，researcher 研究者，various さまざまな，solid support 固体の支持体，covalent binding 共有結合，adsorption 吸着，physical 物理的，entrapment 包括
through：「場所を通って」ではなくて，「〜によって」という「手段」を示しています。
adsorption：単語中の d が b になると，absorption「吸収」になります。固体表面に「乗っかる」のが吸着，一方，固体内部に「浸み込む」のが吸収という現象です。

強力動詞：promote　促進する（名詞形　promotion）
immobilize　固定化する（名詞形　immobilization）
adsorb　吸着する（名詞形　adsorption）

 副詞句が忘れた頃にやってくる

To promote the use of enzymatic reaction systems, enzymes have been immobilized **by numerous researchers** on various solid supports through covalent binding, adsorption, and physical entrapment.

●校閲のポイント

少し長い英文です。述部の have been immobilized を 3 つの句が修飾してい

ます。したがって，この句は副詞句という分類に入ります。

on various solid support through…

by numerous researchers

順番に，英単語4個，7個，そして3個から成っています。英文を読み進んで，最後の副詞句by numerous researchersに巡り着いたときには，「何だっけ？」とならないように，副詞句の順を入れ替えます。

 2. 文頭のto不定詞は目的

理系英文に登場する「to不定詞」の90％ほどが副詞的用法です。さらに，その中の80％ほどが「結果」を表す用法です。その例はExercise 8に登場しました。

An aliquot of the liquid was sample to determine the concentration of the target.

「液の一部を採取して，標的物質の濃度を測った」と英文を左から右へ訳しました。

一方，文頭に「to不定詞」が置かれています。こうしたときには副詞的用法の「目的」を表す用法です。「〜するために」と訳します。「to不定詞」が文頭にくれば「目的」を表し，そうでないときは「結果」を表すという原則を覚えましょう。

 14. 「…してきた」は継続の現在完了形

多くの研究者（numerous researchers）が酵素を固定する研究を継続してきたことを示す時制が現在完了形です。

日本語訳

酵素反応システムの利用を促進するために，酵素は多くの研究者によって，さまざまな固体の支持体に，共有結合，吸着，および物理的包括によって固定されてきた。

第 11 章
語選と記号のミス
中身が少しだけわかると校閲できる

❖ **Exercise 13**

(1) Essential criteria of adsorbents are high adsorption rate, binding capacity, and durability for repeated use of adsorption and elution.
(2) Success or failure of the development of novel ion-exchange membranes for electrodialysis depends on the combination of the quality of the trunk polymer and the type of the divinyl monomer used.

> 単語帳： (1) essential 必須の，criteria（単数形は criterion）評価基準，adsorbent 吸着材，adsorption rate 吸着速度，binding capacity 結合容量（吸着容量），durability 耐久性，repeated use 繰返し使用，adsorption 吸着，elution 溶離
> (2) success 成功，failure 失敗，novel 新規の，ion-exchange membrane イオン交換膜，electrodialysis 電気透析，combination 組合せ，quality 材質，trunk polymer 幹ポリマー，divinyl monomer ジビニルモノマー
> 強力動詞： (1) develop 開発する（名詞形 development）
> (2) depend on 〜 〜によって決まる（名詞形 dependence）
> combine 組み合わせる（名詞形 combination）
> use 使う（名詞形 use）

 後とのミスマッチ

(1) Essential criteria **for** adsorbents are high adsorption rate, binding capacity, and durability for repeated use of adsorption and elution.
(2) Success or failure **in** the development of novel ion-exchange membranes for electrodialysis depends on the combination of the quality of the trunk polymer and the type of the divinyl monomer used.

●校閲のポイント

(1)「AはBにとって必須である」は A is essential for B. と英訳します。essential には前置詞 for が伴います。

(2)「私たちは，〜するのに成功（または失敗）した」という日本語文を英訳すると，

　We succeeded in 〜 ing
　We failed in 〜 ing

となります。というわけで，success, failure の直後の前置詞には in が伴います。

日本語訳

(1) 吸着材にとっての必須の評価基準は，高い吸着速度，吸着容量，および吸着と溶出の繰り返し利用への耐久性である。

(2) 電気透析に用いる新規イオン交換膜の開発の成否は，幹ポリマーの材質および使われるジビニルモノマーの種類の組み合わせによって決まる。

S教授の一言

日本の食塩は，海水を原料として，1992年から電気を使って作っています。瀬戸内海沿岸に昔ながらの入浜式塩田はもはやありません。陽イオン交換膜（陽イオン，Na^+ だけを通す高分子製の膜）と陰イオン交換膜（陰イオン，Cl^- だけを通す高分子製の膜）をペアにして，約2000対並べ，その両側に電極を配置します。その膜と膜の間の隙間に海水を流しながら電流を流すと，隙間の一つおきに海水が濃縮されます。この仕組みを電気透析（electrodialysis）と呼びます。

この方法で海水を約7倍に濃縮（塩化ナトリウム濃度で言うと，3.5 mol/L）して，その後，水を真空下で蒸発させ食塩の結晶を製造しています。この方法によると純度の高い塩化ナトリウムを製造できます。

❖ Exercise 14

(1) We have adopted preirradiation grafting polymerization from two reasons: (1) the irradiation process is separated from the grafting process, and (2) the formation of homopolymers is suppressed.

(2) From the 1970s, the diaphragm of a silver oxide battery with a button shape has

been produced by Yuasa Corporation.

> **単語帳：** (1) preirradiation 前照射，grafting polymerization グラフト（接ぎ木）重合，reason 理由，irradiation 照射，process プロセス（工程），grafting 接ぎ木，formation 形成
> (2) 1970s 1970年代，diaphragm 隔膜，silver oxide 酸化銀，battery 電池，button shape ボタン型，Yuasa Corporation ㈱ユアサコーポレーション
> Corporation：Cが大文字なので固有名詞。会社名だとわかります。
>
> **強力動詞：** (1) adopt　採用する（名詞形　adoption）
> 　　　　　　 separate　分離する（名詞形　separation）
> 　　　　　　 form　形成する（名詞形　formation）
> 　　　　　　 suppress　抑制する（名詞形　suppression）
> (2) produce　製造する（名詞形　production）

 日本語では「〜から」なのに

(1) We have adopted preirradiation grafting polymerization **for** two reasons: (1) the irradiation process is separated from the grafting process, and (2) the formation of homopolymers is suppressed.

(2) **Since** the 1970s, the diaphragm of a silver oxide battery with a button shape has been produced by Yuasa Corporation.

● **校閲のポイント**

> (1) Exercise 13 では，前に出ている単語との相性がよい前置詞を選びました。一方，後に続く単語を見越して前置詞を選ぶことがあります。日本語で「2つの理由から」と言うので，うっかり from を選びました。しかし，reason が続くなら for が正解です。
>
> (2) 【鉄則45「〜からずっと」の継続を表す前置詞 since】日本語で「1970年代から」と言うので，ここも from を選びました。英文の時制が現在完了で「1970年代からずっと…してきた」ですから正しい前置詞は since です。前置詞を安易に選択してしまい，since に，いや"真摯"に反省しています。

42. コロンは「すなわち」or「例えば」

コロン（colon）：箇条書きで示したい内容を並べるときに，コロンを使います。「two reasons:」を日本語に訳すときには，「:」を意識して「次の2つの理由」と「次の」を入れます。箇条書きの項目は，単語でも文でもオーケイです。

 14. 「…してきた」は継続の現在完了形

日本語訳

(1) 私たちは，次の2つの理由から前照射グラフト重合を採用してきた。(1) 照射プロセスがグラフトプロセスと分離されていること，および (2) ホモポリマーの形成が抑制されていることである．

(2) 1970年代から，ボタンの形をした酸化銀電池の隔膜は，㈱ユアサコーポレーションによって製造されてきた。

❖ Exercise 15

(1) Approximately twenty years elapsed between discovery of the phenomena and commercialization of the product on the basis of fundamental studies by Tsuneda et al. in 1990.

(2) The resultant phenyl-group-containing porous hollow-fiber membranes were referred to as hydrophobic hollow-fiber membranes.

単語帳： (1) approximately 約, discovery 発見, phenomena 現象（phenomenon の複数形），commercialization 実用化，product 製品，
on the basis of 〜 〜を基にして，fundamental study 基礎研究
(2) resultant 得られた，phenyl-group-containing フェニル基を含む，porous 多孔性，hollow-fiber membrane 中空糸膜，hydrophobic 疎水性の
hydrophobic：水を嫌う性質のことを「疎水性の」と言います。対立語は hydrophilic「親水性の」で水を好む性質のことです。

強力動詞： (1) elapse　経過する
　　　　　discover　発見する（名詞形　discovery）

(2) refer to A as B　AをBと名付ける（名詞形　reference）

 時の流れにミスを任せ

(1) Approximately twenty years **have elapsed** between discovery of the phenomena and commercialization of the product on the basis of fundamental studies by Tsuneda et al. in 1990.
(2) The resultant phenyl-group-containing porous hollow-fiber membranes **are** referred to as hydrophobic hollow-fiber membranes.

● 校閲のポイント

(1) 【鉄則14「…してきた」は継続の現在完了形】理系英文では，時制は「現在形」，「過去形」，そして「現在完了形」の3つでほぼ済みます。現在完了の英文にはrecently, for ten years, since 2011, thus farなど，時期や期間を表す副詞や副詞句が伴います。ここは，「約20年」という年月が主語になっていて，時が現在まで経過した（elapse）という話です。堂々たる現在完了の内容です。現在完了形には「完了」「経験」「継続」の用法があると高校時代に習いますが，理系英語ではほとんどが「継続」です。
(2) 新しい材料に名を付ける英文です。過去形でなく現在形を使って表します。

 46．筆者が3名以上なら引用はK. Saito et al.

著者が3名以上のとき，ページ数に厳しい制限がある場合または論文の本文中で引用する場合に限って，先頭の著者（first author）だけを記して，それ以下の著者はet al.で省略するときがあります。著者が2名のときにはet al.は使えません。Tom and JerryまたはTom & Jerryとしてください。

 47．AはBと名付けられる：A is referred to as B

理系で研究開発を進めていると，新しい現象を発見したり，新しい材料や装置を発明したりします。そのときに，それを名付けたり，定義したりすることが必要になります。そのときの英文は
　　We refer to A as B.　「AをBと名付ける」
　　We define A as B.　「AをBと定義する」

名付けたり，定義したりしたヒト（ここでは，we）が大切な場合にはこの英文になります。そうでない場合にはAを主語にします。to as が並んだ受け身の文になります。to と as が隣り合うので，初めのうちは「どこかで間違えたかな？」と思ってしまいますが正しいのです。

　　A is referred to as B.
　　A is defined as B.

> 📘 **日本語訳**

(1) 1990年の常田らによる基礎研究を基にして，現象の発見から製品の商品化まで，約20年が経過した。
(2) 得られたフェニル基を含む多孔性中空糸膜は疎水性多孔性中空糸膜と呼ばれる。

❖ Exercise 16

(1) At present, irradiation from an electron beam is applied to the sterilization of various materials at a highly precise dose to ensure acceptable cost performance.
(2) In other words, the graft-chain phase working as an active site of methyl acetate hydrolysis behaves like a liquid.

> **単語帳：**　(1) at present 現在，irradiation 照射，electron beam 電子線，
> 　　　　　sterilization 滅菌，various さまざまな，material 物質，
> 　　　　　highly 高度に，precise 正確な，dose 線量，acceptable 許容できる，
> 　　　　　cost performance コストパフォーマンス
> 　　　　　(2) in other words 言い換えると，graft chain グラフト鎖，
> 　　　　　phase 相，active site 活性部位，methyl acetate 酢酸メチル，
> 　　　　　hydrolysis 加水分解，behave 振舞う，liquid 液体
> 　　　　　liquid：phase（相）には，gas（気体），liquid（液体），そしてsolid
> 　　　　　（固体）という3つがあります。
> **強力動詞：**　apply　応用する（名詞形　application）
> 　　　　　sterilize　滅菌する（名詞形　sterilization）
> 　　　　　ensure　保証する

一語一でええで

(1) **Currently**, irradiation from an electron beam is applied to the sterilization of various materials at a highly precise dose to ensure acceptable cost performance.
(2) **Namely**, the graft-chain phase working as an active site of methyl acetate hydrolysis behaves like a liquid.

● 校閲のポイント

　理系英語はいつも『3C』をめざします。「Concise, Correct, Concrete」日本語にすると「簡潔に，正しく，数字を使って（具体的に）」です。だとすれば，「現在」をat present と2語で書くより，currently と1語で済ませた方がよりよいと言えます。「言い換えると」も in other words より，that is, さらに，namely の方が短く済んでベターです。

 3. 述語の後の to 不定詞は結果

　述部 is applied の後に，それを修飾する副詞句が2つ，to the sterilization of various materials と at a highly precise dose が続き，さらに to 不定詞句が続いています。この文では to 不定詞句は文頭にきていないので，副詞的用法の結果です。そこで，to 不定詞は「そして，…」と訳します。

 9. 後置修飾句：名詞の直後の～ing は that ～を補ってみる

　working …は現在分詞で，後置修飾句として the graft-chain phase を後ろから修飾しています。the graft-chain phase that is working as an active site of methyl acetate hydrolysis という関係代名詞節から that is が省略されたと考えることもできます。

日本語訳
(1) 現在のところ，電子線の照射は，高度に正確な線量で，さまざまな材料の減菌に応用され，許容できるコストパフォーマンスを保証している。
(2) 言い換えると，酢酸メチルの加水分解の活性部位として働くグラフト鎖相は，液体のように振舞う。

> **S教授の一言** hydro-は「水」を表す接頭辞です。ウルトラマン・シリーズの怪獣の一人に'ヒマラヤに住み，雪で体を覆われた怪獣『ヒドラー』がいます。hydroから名が付いたのだと思います。しかし，hydroは「ハイジュロ」と読んでください。

❖ Exercise 17

The use of the AAc-grafted film as a thin cation-exchange membrane has largely prolonged the battery's life.

> **単語帳：** use 使用，AAc アクリル酸，graft 接ぎ木する，film フィルム，thin 薄い，cation-exchangemembrane カチオン交換膜，battery 電池，life 寿命
> battery：「電池」には，batteryを使う場合とcellを使う場合があります。FC搭載車とは，燃料電池（fuel cell）を積んだ車のことです。
> life：lifeには4つの訳し方があります。日常の英語ではlifeは「生活」また「人生」です。理系英語では「生命」または「寿命」です。ここは，batteryのlifeなので「寿命」です。life scienceは「生命科学」と訳します。
> **強力動詞**：prolong 伸ばす　extend も使えます。

"大きく"ミスをしないこと

The use of the AAc-grafted film as a thin cation-exchangemembrane has **greatly** prolonged the battery's life.

●校閲のポイント

> 副詞の選択をミスしました。largelyは「範囲」を，greatlyは「程度」を強める副詞です。この英文では，「電池の寿命を大きく延ばした」のですから程度を強める副詞greatlyを選びます。

日本語訳

薄いカチオン交換膜としてアクリル酸グラフトフィルムを使用することが電池の

寿命を大きく伸ばしてきた。

> **S 教授の一言** 人間にとっておいしいリンゴやブドウは自然に初めから手に入れることができませんでした。厳しい気候に耐え，害虫が侵入しない幹の木に，おいしいリンゴやブドウがたまたまなった枝を接いで育てる手法が接ぎ木（graft）です。医学の分野ではgraftは「移植」のことです。

❖ Exercise 18

A chelating porous hollow-fiber membrane capable of the removal of trace amounts of metal ions dissolved in ultrapure water may be applied to the recovery of noble metal ions such as platinum（Pt），palladium（Pd），and rhodium（Rh）ions.

> **単語帳：** chelating キレート形成できる，porous 多孔性の，hollow-fiber membrane 中空糸膜，traces amounts of わずかな量の（a trace amount of の複数形），metal ion 金属イオン，ultrapure water 超純水，noble metal ion 貴金属イオン，such as 〜 〜のような，platinum（Pt）白金，palladium（Pd）パラジウム，rhodium（Rh）ロジウム
> noble metal ion：ここに登場した Pt，Pd，そして Rh は，白金族（"しろがね"族とは読まず，"はっきん"族と読んでください）に属する金属です。この3つの元素は自動車の廃ガス中の有害ガスを無害化する触媒の成分です。3元触媒と呼ばれています。この触媒のおかげで大気が汚れにくいのです。高価な金属なので，小さい粒にして耐熱性セラミックスの表面に担持して使われています。
>
> **強力動詞：** remove 除去する（名詞形　removal）
> dissolve 溶解させる（名詞形　dissolution）
> apply 応用する（名詞形　application）
> recover 回収する（名詞形　recovery）

 capable of の後には動名詞

A chelating porous hollow-fiber membrane capable of **removing** trace amounts of metal ions dissolved in ultrapure water may be applied to the recovery of noble metal ions such as platinum（Pt），palladium（Pd），and rhodium（Rh）ions.

●校閲のポイント

助動詞canには「能力」(〜できる)と「可能性」(〜する可能性がある)を示す2つの用法があるので、読み手がどちらかを判定する必要があります。「能力」を表したいときには読者を迷わせないで済むbe capable ofが便利です。ofの後ろには名詞が続きます。なかでも動名詞を使うのが主流です。

鉄則 7. and警報：バランスのとれた並列構造を探す

3項目の並列では，A, B, and C とします。3番目のCの前に，カンマ付きandを入れます。そうすると，読み手は「並列の項目はこれで最後だな」と安心できます。

日本語訳

超純水に溶存しているわずかな量の金属イオンを除去できるキレート多孔性膜は，例えば，白金，パラジウム，およびロジウムといった貴金属イオンの回収に応用できる可能性がある。

 S教授の一言　温度の単位は3つあります。摂氏 (Celsius)，華氏 (Fahrenheit)，そして絶対温度 (Kelvin) です。Celsius氏が，大気圧下で水の凍る温度を0℃，水の沸く温度を100℃と決めて，その間を100等分しました。Celsius氏の読み「セルシウス氏」を高速で繰り返して読んでいくと「摂氏」に辿り着きます。

摂氏を華氏へ変換するときには，次の式を使います。

[華氏温度] = (9/5) × [摂氏温度] + 32

この計算式に，夏の温度35℃を代入すると95°Fになります。以前に，アメリカのフロリダの空港に降り立ったとき，空港の大駐車場に立つ温度計タワーが95を表示しているのを見て，私は「仮死」状態になりそうでした。

25℃の読み方は，twenty-five degrees Celsius または twenty five degrees centigradeです。25に273を足して，大文字のKをつけると絶対温度298Kになります。こちらは，two-hundred-ninety-eight Kelvinと読みます。Kelvin卿が提案しました。

❖ Exercise 19

(1) Undesirable solutes in blood are transferred from the blood side to the dialysate side through a non-porous hollow-fiber membrane.
(2) This capacity is approximately ten-fold higher than those of conventional adsorbents in bead form.

> 単語帳： (1) undesirable 不要な，solute 溶質，blood 血液，side 側，dialysate 透析液，nonporous 非多孔性の，
> hollow-fiber membrane 中空糸膜
> (2) capacity 容量，approximately 約，tenfold 10 倍の，10 倍に，conventional adsorbent 従来の吸着材，bead ビーズ，form 形状
> approximately：about の 5 文字に比べると，13 文字から成る単語です。それでも理系の正式文書ではよりフォーマルな approximately を使います。
> fold は形容詞にも副詞にもなります。ここは副詞として higher にかかっています。
> 強力動詞：(1) transfer　移動する（名詞形　transfer）

 ハイフンを付ければよいわけではない

(1)　Undesirable solutes in blood are transferred from the blood side to the dialysate side through a **nonporous** hollow-fiber membrane.
(2)　This capacity is approximately **tenfold** higher than those of conventional adsorbents in bead form.

● 校閲のポイント

(1) 「多孔性の (porous)」ではないことを「非多孔性の」と言います。そのときは，「非」を表す接頭辞 non をつけます。2つの単語から合成した単語であることがわかるように，使い初めのうちは non-porous とハイフンを間に入れます。それでも，多くの人に知られて多くの人が使うようになったら，ハイフンをとるというルールです。「言語は生き物である」ことを表す一例です。他にも，anti という接頭辞があります。これも今では多くの人がわかるのでハイフンを付けません。例えば，antibacterial は「抗菌性の」となります。
(2) 10 までは，数字をスペルアウト（英文字で書く）するのがルールです。

そしてfoldとつなげるのにハイフンは不要です。11倍になると11-foldのようにハイフンを付けます。

 48. A is threefold higher than B.　A is 11-fold higher than B.

倍数表現の一つです。たまにしか登場しないので，私はなかなか覚えられません。毎回，鉄則を確認しながら使っています。

日本語訳

(1) 血液中の不要な溶質は，血液側から透析液側へ非多孔性中空糸膜を透過して移動する。
(2) この容量は，ビーズ状の従来の吸着材のそれに比べて，約10倍高い。

❖ Exercise 20-1

Since the Fukushima Daiichi nuclear disaster on March 11 2011, adsorbents for the removal of radionuclides such as cesium-137 and strontium-90 from contaminated water have been developed by a number of universities, research institutes, and private companies.

> 単語帳：　Fukushima Daiichi 福島第一，nuclear disaster 原子力の大事故，adsorbent 吸着材，radionuclide 放射性核種，cesium-137 セシウム137，strontium-90 ストロンチウム90，contaminated water 汚染水，university 大学，research institute 研究機関，private company 民間企業
> 　　　　　a number of ～：「多数の～」です。the number of ～「～の数」と区別してください。
> 　　　　　such as ～：「例えば～」です。
>
> 強力動詞：remove　除去する（名詞形　removal）
> 　　　　　develop　開発する（名詞形　development）

 アメリカ式の月日，年

Since the Fukushima Daiichi nuclear disaster on **March 11, 2011,** adsorbents for the removal of radionuclides such as cesium-137 and strontium-90 from contaminated water have been developed by a number of universities, research institutes, and private companies.

●校閲のポイント

日付の表し方には、アメリカ式とイギリス式があります。ここでは、アメリカ式にしましょう。「March 11, 2011」と「月日，年」とします。11と2011の間にカンマ（comma）を入れてください。

放射性物質の減衰：cesium-137，Sr-90といった元素の名の後につけたハイフン付き数字は、質量数（＝陽子数＋中性子数）を表しています。福島第一原発の汚染水から放射性物質を除去するために、放射性物質を捕捉できる固体吸着材が開発されました。水中から固体内へ放射性物質を取込んで、その固体を長期間、特別な容器に保管して放射能の減衰を待ちます。

 45. 「〜からずっと」の継続を表す前置詞 since

 14. 「…してきた」は継続の現在完了形

日本語訳

2011年3月11日の福島第一での原子力大事故以来、汚染水からセシウム-137やストロンチウム-90といった放射性核種の除去用吸着材が、多数の大学、研究機関、および民間企業によって開発されてきた。

❖ Exercise 20-2

A mixture of three proteins, i.e., α-chymotrpsinogen (pI 9.2, Mr 25000), cytochrome C (pI 0.5, Mr 12400), and lysozyme (pI 11.2, Mr 14700), was employed as a typical protein solution at a mass ratio of 3:4:3.

単語帳： (1) mixture 混合液，protein タンパク質，i.e. すなわち，
α-chymotrpsinogen α キモトリプシン，pI 等電点（isoelectric point），Mr 分子量，cytochrome C チトクロム C，lysozyme リゾチー

ム，typical 典型的な，solution 溶液，mass 質量，ratio 比

並列構造：項目を3つ以上，並べるときには，最後の項目の前にカンマ付き and を入れます。一方，2つの項目を並べるときには，カンマを使わずに A and B とします。

強力動詞：employ 使う（名詞形　employment）

 カンマをうって大きな数を読みやすく

A mixture of three proteins, i.e., α-chymotrpsinogen (pI 9.2, Mr **25,000**), cytochrome C (pI 0.5, Mr **12,400**), and lysozyme (pI 11.2, Mr **14,700**), was employed as a typical protein solution at a mass ratio of 3:4:3.

● **校閲のポイント**

　ここに登場する数値は分子量（Mr）です。3ケタを超えると，数字をただ並べるだけでは読み取りにくいので，3ケタごとにカンマをつけます。25000なら25,000とします。カンマが増えていくと，千（10^3），百万（10^6），十億（10^9）と進みます。慣れてくるととても便利です。

 8．e.g. は for example と読んで「例えば」，i.e. は that is で「すなわち」

 20．一点を表す前置詞 at

 44．同格の of：時速50キロで，a speed of 50 km/h

 日本語訳

3つのタンパク質，すなわち，α-キモトリプシノーゲン（pI 9.2, Mr 25,000），チトクロムC（pI 0.5, Mr 12,400），およびリゾチーム（pI 11.2, Mr 14,700）の混合物が，典型的なタンパク質溶液として質量比3:4:3で使用された。

❖ **Exercise 21**

Lysozyme binds to the sulfonic acid-containing polymer brush to shrink it, and in contrast, albumin binds to the diethylamino group-containing polymer brush to expand it.

> 単語帳： lysozyme リゾチーム，sulfonic acid スルホン酸，polymer brush ポリマーブラシ，albumin アルブミン，diethylamino group ジエチルアミノ基
>
> polymer brush：「高分子ブラシ」ですから，歯ブラシを思い出してください。歯ブラシの毛は高分子製です。しかし，ここでの高分子ブラシは歯ブラシの材料のように剛直ではなく，柔らかいので伸び縮みします。
>
> 強力動詞：bind　結合する
> 　　　　　contain　含む（名詞形　content）
> 　　　　　shrink　収縮させる（名詞形　shrinkage）
> 　　　　　expand　膨潤させる（名詞形　expansion）

 蝉転んだ，セミコロンだ

Lysozyme binds to the sulfonic acid-containing polymer brush to shrink it; in contrast, albumin binds to the diethylamino group-containing polymer brush to expand it.

●校閲のポイント

　日本語の句読点は2つあります。句点（。または．）と読点（、または，）です。読点はその名のとおり，読みやすく，または正しく，読んでもらえるように付けます。一方，英語には『句読記号』が4つあります。カンマ（,），セミコロン（;）コロン（:），そしてピリオド（.）です。ピリオドになると，前の文と完全に切れています。コロンは詳細な説明に入る合図です（【鉄則42】）。セミコロンはコロンより前後の文が密接です。「接続詞のような句読記号」です。セミコロンは，; therefore, とか ; howeverとかいうふうに接続副詞が伴うことが多くあります（【鉄則32】）。ここは，セミコロンと in contrast を連携させて「対比」を明確にできます。

 49．対比は in contrast, 反対は on the contrary

　「●が▲へ結合して〜する」という2つの文が，in contrast「一方」を挟んで

対比されています。
>Lysozyme binds to ▲ to shrink it.
>Albumin binds to ▲ to expand it.

リズムがついて読み取りやすい英文になっています。

宮沢賢治（1896-1933）の詩，『雨ニモマケズ』を思い出しました。
>東ニ病気ノ子供アレバ行ッテ看病シテヤリ，
>西ニ病ノタ母アレバ行ッテソノ稲ノ束ヲ負イ。

丁寧に対比をつくると，詩のようなリズムがついて読み手の頭の中に入りやすくなります。

> **日本語訳**
>
> リゾチームは，スルホン酸基をもつポリマーブラシに結合して，それを収縮させ，一方，アルブミンは，ジエチルアミノ基をもつポリマーブラシに結合して，それを膨潤させる。

> **S教授の一言** 放射線を使って，滅菌・殺菌を実施する施設をもつ照射専門企業が日本にはあります。その施設には「プラスチック製の注射器」「飲料用びんのキャップ」など，さまざまな製品が持ち込まれています。放射線滅菌は，乾燥した状態のままで滅菌・殺菌ができるので，水蒸気や薬品を使う方法に比べて便利です。

❖ Exercise 22

Afeyan et al. [1] (1990) proposed "perfusion chromatography" of proteins using beads with a bimodal pore structure.

> **単語帳：** perfusion パーフュージョン，chromatography クロマトグラフィー，bead ビーズ，bimodal 二つの形式の，structure 構造
>
> bi-：接頭辞 bi は「2」です。bicycle「2輪車」が何と言っても有名です。
>
> "perfusion chromatography" の " " は，造語であることを宣言しています。したがって，読み手は初めて聞く言葉です。したがって，日本語に訳す必要はなく，"perfusion chromatography" で済ませま

す。

　　　　using…は，現在分詞の後置修飾です。
強力動詞：propose　提案する（名詞形　proposal）

 かっこつけるな

Afeyan et al. [1] **in 1990** proposed "perfusion chromatography" of proteins using beads with a bimodal pore structure.

●**校閲のポイント**

　私たちはカッコ（　）を安易に使っています。補足説明だったり，言い換えだったりします。読み手は，忙しいときには（　）を読み飛ばします。文はあくまで読み手へのサービスですから，（　）を具体的にしておくことが親切というものです。ここは，Afeyanさんらの論文が掲載された年のことですから，in 1990とします。Afeyan et al.の後の[1]は引用文献の番号です。文献の引用の仕方は，雑誌ごとに規定があります。Afeyan et al.[1) やAfeyan et al.[1] という方式の雑誌もあります。

 46．筆者が3名以上なら引用はK. Saito et al.

●**日本語訳**

　Afeyanら［1］は，1990年に，2つの型の孔構造をもつビーズを使うタンパク質の "perfusion chromatography" を提案した。

第12章
比較と日本語頭のミス
内容が少しわかると校閲できる

 Exercise 23

The flux of the SS-diol fiber for pure water was much lower than the diol and PE fibers.

> 単語帳： flux 流束, SS-diol fiber　SS-diol 繊維, fiber 繊維, pure water 純水, diol fiberdiol 繊維, PE fiber ポリエチレン製繊維
> PE や PP はプラスチック容器に記載されています。それぞれポリエチレン（polyethylene），ポリプロピレン（polypropylene）です。

 バランスよく比較しよう

The flux of the SS-diol fiber for pure water was much lower than **those of** the diol and PE fibers.

● 校閲のポイント

> 【鉄則31　名詞の繰返し回避のthatとthose】「比較を表現できる原級，比較級，最上級のうち，理系英語では比較級が多用されます。原級と最上級はほとんど出てきません。比較級をつくるときには，原点に戻って比較する前の2つの文をつくるところから始めます。
> The flux of the SS-diol fiber for water was low.
> The fluxes of the diol and PE fibers for water were low.
> 上文の方が低いというときには，まず，
> The flux of the SS fiber for water was lower than the fluxes of the diol and PE fibers for water.
> つぎに，for water は共通部分として除きます。さらに，the fluxes は the flux の繰返しなので those（that の複数形）で代用します。
> 主語を変えて，
> 　The SS-diol fiber exhibited low fluxes for pure water.
> 　The diol and PE fibers exhibited low flux for pure water.

この２つの文から比較級をつくると，

    The SS-diol fiber exhibited much lower flux for pure water than the diol and PE fibers.

 50. 比較級にmuchを付けて「ずっと」強める

    比較級を強めるときにはmuchを使います。「ずっと低い」と言われても「ずっと」に定量性がありません。読み手によって「ずっと」の程度に差が出ます。私の場合，1/10より小さいまたは10倍より大きいときにmuchを使っています。それにしても定量的ではありません。

日本語訳

    純水に対するSS-diol fiberの流束は，diolおよびPE fiberの流束よりずっと小さかった。

❖ Exercise 24

    The reaction of oxygen with the radicals forms peroxy radicals that are poorly active than alkyl radicals.

> 単語帳：　reaction 反応，oxygen 酸素，radical ラジカル，
> 　　　　　peroxy radical パーオキシラジカル，active 活性の高い，
> 　　　　　alkyl radical アルキルラジカル
> 強力動詞：react　反応する（名詞形　reaction）
> 　　　　　form　形成する（名詞形　formation）

 中途半端な比較はしない

    The reaction of oxygen with the radicals forms peroxy radicals that are **less** active than alkyl radicals.

● **校閲のポイント**

    【鉄則43 カンマを付けない関係代名詞は理系英語ではthat】ここのthatは関係代名詞です。この部分に着目して，比較する前の２つの文をつくると，

    Peroxy radicals are active.

Alkyl radicals are active.

上文の方がactiveでないというときには,

Peroxy radicals are less active than alkyl radical.

とするべきところを，activeを比較級にしてあげられないpoorlyを使っているのがミスです。

日本語訳

　酸素がラジカルと反応すると，アルキルラジカルより活性の低いパーオキシラジカルを生じる。

❖ Exercise 25

　The widths of the first and second peaks corresponding to Nd and Dy ions, respectively, of the HDEHP-impregnated fiber packed column were narrower than those of the HDEHP-impregnated bead-packed column.

> 単語帳：　width 幅，peak ピーク，Nd ネオジム，Dy ジスプロシウム，ion イオン，respectively それぞれ，HDEHP HDEPE（抽出試薬の名称），fiber 繊維，packed column 充填カラム，bead ビーズ
> 　　　　　Nd と Dy：強力磁石の必須成分である元素。
> 　　　　　column：「筒」という意味。カラム式という円柱もあります。「コラム」と読むと，新聞紙面の欄のことです。
> 強力動詞：correspond to ～　～に対応する（名詞形　correspondence）
> 　　　　　impregnate　担持する（名詞形　impregnation）

 狭いのは幅のこと

　The widths of the first and second peaks corresponding to Nd and Dy ions, respectively, of the HDEHP-impregnated fiber packed column were **smaller** than those of the HDEHP-impregnated bead-packed column.

● 校閲のポイント

> 　幹の部分を取り出して，2つの文をつくると,
> 　The widths of the HDEHP-impregnated fiber packed column were narrow.
> 　Those (=The widths) of the HDEHP-impregnated bead-packed column were

narrow.

「ミスはないぞ」と思ったら，ミスはそこではなかった。幅は「狭い」のではなく，幅は「小さい」のです。「狭い（narrow）」を使いたいのなら，主語をthe first and second peaksにすればよかったのです。

The first and second peaks corresponding to Nd and Dy ions, respectively, of the HDEHP-impregnated fiber packed column were narrower than those of the HDEHP-impregnated bead-packed column.

  31. of付き名詞の繰返し回避のthatとthose

名詞の繰返しを回避して文をconciseにしています。この文では，

those = the widths of the first and second peaks corresponding to Nd and Dy ions, respectively

日本語訳

HDEHP担持繊維充てんカラムのNdおよびDyイオンに対応する，それぞれ第一および第二ピークの幅は，HDEHP担持ビーズ充てんカラムのそれより小さかった。

S教授の一言 超純水はその名のとおり，超きれいな水のことです。それでもppt（parts per trillion，1兆（10^{12}）分の1）そしてppq（parts per quadrillion，1000兆（10^{15}）分の1）の濃度で金属イオンが溶けています。アボガドロ数（Avogadro's number）6.02×10^{23}を掛けることによって超純水に溶けているイオンの数を計算できます。例えば，Na（原子量23）が2.3 ppq（2.3×10^{-12}g/L）溶けているとします。

$$(2.3 \times 10^{-12})/23 \times 6.02 \times 10^{23} = 6.02 \times 10^{10}$$

まだまだ，60億という多数のイオンが水に溶けているとわかります。しかし，次式で計算される水分子の数に比べたら，無視できるほど少ない量なのです。

$$1000/18 \times 6.02 \times 10^{23} = 3.3 \times 10^{25}$$

❖ Exercise 26

The observed transport rate of copper ions was much faster than the transport rate estimated from the ordinary diffusion of copper ions in the liquid in pores.

> 単語帳： transport 移動，rate 速度，copper 銅，ion イオン，ordinary 通常の，diffusion 拡散，liquid 液体，pore 孔
> 強力動詞：observe 観察する（名詞形 observation）
> transport 移動する（名詞形 transport）
> estimate 推算する（名詞形 estimation）
> diffuse 拡散する（名詞形 diffusion）

 速度が速い？

The observed transport rate of copper ions was much **higher** than the transport rate estimated from the ordinary diffusion of copper ions in the liquid in pores.

● 校閲のポイント

> 比較する前の2つの文をつくると，
> The observed transport rate … was fast.
> The transport rate estimated … was fast.
> 上文の方がずっと速いので，muchを付けています。「ミスはないぞ」と思ったら，ここでも前問と同じミスをしました。速度は「速い」ではなく，速度は「大きい」いや「高速」なのです。英語はかなり厳密な言語です。

日本語訳

銅イオンの観察された移動速度は，孔内の液中での銅イオンの通常の拡散から推算される移動速度よりずっと速かった。

❖ Exercise 27

The amount of lysozyme adsorbed onto the fiber was reduced to approximately one-tenth compared with that of the diol fiber.

単語帳： amount 量，lysozyme リゾチーム，fiber 繊維，approximately 約，

第12章 比較と日本語頭のミス 内容が少しわかると校閲できる

> one-tenth 10分の1，diol fiber diol 繊維
> 分数：10分の1なら one-tenth です。これが10分の3になると，three-tenths と tenth に s を付けて複数形にします。
> lysozyme：「ライソザイム」が英語読みなのですが，日本語では「リゾチーム」となります。卵白に含まれるタンパク質です。
> 「約」は about ではなく，フォーマルに approximately を使います。
>
> **強力動詞**：adsorb　吸着する（名詞形　adsorption）
> 　　　　　　reduce　減らす（名詞形　reduction）

 compared with の使用を避ける

The amount of lysozyme adsorbed onto the fiber was reduced to approximately one-tenth **of** that adsorbed onto the diol fiber.

● **校閲のポイント**

> 【鉄則51　A is two-thirds of B.　A is one-tenth of B】
> 「compared with ～」をなるべく使わない方がよいようです。それは，compares with を使うと，不正確な比較表現になりやすいからです。「AはBの10分の1であった」
> 　A was one-tenth of B.
> が基本型です。
>
> 【鉄則31　of 付き名詞の繰返し回避の that と those】
> 　ここでは，
> A = the amount of lysozyme adsorbed onto the fiber
> B = <u>the amount of lysozyme</u> adsorbed onto the diol fiber
> Bの下線部は繰返し部分なので，that で代用します。ここは，「of 付きの名詞」ではなく，「後置修飾句付きの名詞」の繰返しを避けるための that です。

　5.　後置修飾句：名詞の直後の～ed は that is ～ed を補ってみる

　lysozyme adsorbed onto the fiber の adsorbed…は，過去分詞を使った「後置修飾句」です。Lysozyme that was adsorbed onto the fiber という関係代名詞から that was が省略されたと考えることもできます。

> 🟦 **日本語訳**
>
> その繊維へのリゾチームの吸着量は，diol fiberのそれの約1/10に減った。

❖ Exercise 27-1

The flow rate of cobalt chloride (CoCl$_2$) solution was varied by permeation pressure over a range from 0.025 to 0.1 MPa.

> **単語帳**： flow rate 流量，cobalt chloride（CoCl$_2$）塩化コバルト，
> solution 溶液，permeation pressure 透過圧力，range 範囲，MPa 読み方はメガパスカル（圧力の単位）です。
> 0.1 MPa：だいたい1気圧です。
>
> **強力動詞**：vary　変える（名詞形　variation）
> 　　　　　　permeate　透過する（名詞形　permeation）

✏️ 変えるから変わる

The flow rate of cobalt chloride (CoCl$_2$) solution was varied by **changing** permeation pressure over a range from 0.025 to 0.1 MPa.

🔴 校閲のポイント

> The flow rate was varied by permeation pressure.
> 「流量を透過圧力によって変えた」とでも日本語なら何となくわかりますが，やはり「流量を，透過圧力を変えることによって変えた」が正確な表現です。

> 🟦 **日本語訳**
>
> 塩化コバルト（CoCl$_2$）溶液の流量を，0.025から0.1 MPaの範囲にわたって透過圧力を変えることによって変えた。

❖ Exercise 27-2

This can be explained by that the diffusional mass-transfer resistance of cobalt ions to IDA groups is negligible and that the intrinsic chelate-formation reaction is instantaneous.

単語帳： diffusional 拡散の，mass-transfer resistance 物質移動抵抗，cobalt コバルト，ion イオン，IDA group IDA（イミノ二酢酸）基，negligible 無視できる，intrinsic 真の，chelate-formation reaction キレート形成反応，instantaneous 瞬間の
negligible：相対的に無視できるのであって，「ゼロ」というわけではありません。
強力動詞：explain　説明する（名詞形　explanation）
　　　　　resist　抵抗する（名詞形　resistance）

✏ ていねいな論理

This can be explained by **considering** that the diffusional mass-transfer resistance of cobalt ions to IDA groups is negligible and that the intrinsic chelate-formation reaction is instantaneous.

●校閲のポイント

「これは，…ことを考慮することによって説明される」が正確な表現です。
【鉄則7　and警報：バランスのとれた並列構造を探す】by consideringの後に2つのthat節がandで並列しています。両方とも，thatを取り去ってもSVC（第2文型）として成立しています。この2つのthat節は名詞節ですから，consider の目的語になれます。

日本語訳

これは，コバルトイオンのIDA基への拡散物質移動抵抗が無視できること，および真のキレート形成反応が瞬時であることを考慮することによって説明できる。

❖ Exercise 28

Of the proteins bound to the polymer brush, gelsolin was specifically eluted by permeating 2 mmol/L calcium chloride solution through the pores because gelsolin belongs to one of calcium-binding protein.

単語帳：　protein タンパク質，polymer brush 高分子ブラシ，gelsolin ゲルゾリン，specifically 特異的に，mmol/L ミリモル毎リットル（濃度の単位），calcium カルシウム，chloride 塩化物イオン，solution 溶液，

　　　　pore 孔，calcium-binding protein カルシウム結合タンパク質
　　　　ゲルゾリン：gelsolin というスペルからわかるように，gel（ゲル）
　　　　と sol（ゾル）を行き来する作用をもつ酵素のこと。
強力動詞：bind　結合する
　　　　elute 溶離する（名詞形　elution）
　　　　permeate　透過する（名詞形　permeation）

 堅過ぎるのはダメ

　Of the proteins bound to the polymer brush, gelsolin was specifically eluted by permeating 2 mmol/L calcium chloride solution through the pores because gelsolin **is** a calcium-binding protein.

● **校閲のポイント**

　フォーマルな動詞を使おうとがんばったところ修正されました。直されて始めて「なるほど」と思いました。英文がconcise（簡潔）になります。
　A belong to one of B　⇒　A is a B.

鉄則　5．後置修飾句：名詞の直後の～edはthat is～edとしてみる

　the proteins that were bound to the polymer brush から that were が省略された形です。

 日本語訳

　ポリマーブラシに結合したタンパク質の中で，ゲルゾリンが，その孔に2mmol/Lの塩化カルシウム溶液を透過させることによって，特異的に溶出された。それは，ゲルゾリンがカルシウム結合タンパク質の一つであるからである。

❖ Exercise 29

　PWF measurement was performed by feeding pure water to the inner surface of a hollow fiber at a prescribed pressure, e.g., 0.05 MPa.

単語帳：　PWF pure water flux（純水透過流束）の略語，pure water 純水，
　　　　　　inner surface 内面，hollow fiber 中空糸，pressure 圧力，e.g. 例えば，

MPa 圧力の単位

0.05 MPa：「ゼロポイントゼロファイブ メガパスカル」と読みます。メガは，10^6 のことで，パスカル（Pa）圧力の単位です。大気圧はほぼ 0.1 MPa です。私たちは 0.1 MPa の圧力のもとで日々暮らしていることになります。

強力動詞：measure　測定する（名詞形　measurement）
　　　　　　feed　供給する
　　　　　　prescribe　規定する（名詞形　prescription）

「〜を行う」と言い出したらきりがない

PWF **was measured** by feeding pure water to the inner surface of a hollow fiber at a prescribed pressure, e.g., 0.05 MPa.

● **校閲のポイント**

日本語で「〜の測定を行った」をそのまま英訳してしまいました。「〜を測定した」の方が簡潔です。理系英語のめざす 3C（concise, correct, concrete）を思い出しましょう。

> **規則　8．e.g. は for example と読んで「例えば」，i.e. は that is で「すなわち」**

e.g.：理系英語で登場する「たまに見たときに，どぎまぎする3語」は，e.g., i.e., そして et al. です。それぞれ for example, that is, et al.（エタウ）と読んでください。意味は，それぞれ「例えば」「すなわち」「その他」です。

日本語訳

中空糸の内表面へ純水を，所定の圧力，例えば，0.05 MPa で供給することによって，PWF 測定を行った。

S 教授の一言　日本の水道水は，世界の中でも，ずばぬけて安全・安心，そしておいしい水だと思います。しかし，マンションに住むと，いったん，マンションの屋上のタンクに水道水を汲み上げておいてから，管を通って各家庭に供給されています。ですから，タンクで菌が繁殖していたり，その管が錆びていたりすると，水道水の水質が落ちます。そこで，浄水器が活躍します。浄水器には

精密濾過膜（microfilter）モジュールという装置が入っていて，錆び，カビ，菌などを除去してくれます。ミネラルはそのまま通り抜けます。

❖ Exercise 30

Let us start a competition for the removal of boron from liquids between our graft-type chelating fibers and a type of commercially available chelating bead.

> **単語帳**： boron ホウ素，liquid 液，graft-type グラフト型の，
> chelating fiber キレート繊維，commercially available 市販の，
> chelating bead キレートビーズ
> boron：「ホウ素」という元素の名です。元素記号はBです。身の回りで活躍しているBは「ホウ酸ダンゴ」です。ゴキブリ退治に使います。人間が食べてはいけません。動物が長期間摂取すると危険です。一方，植物にとってBは成長に必須な元素です。温泉水にもホウ素が入っていますが，規制をあまりに厳しくすると，除去装置が必要になって温泉代が上がってしまいます。
> **強力動詞**：compare　比較する（名詞形　comparison）
> 　　　　　　remove　除去する（名詞形　removal）

✎ レッツ理系英語とはいかない

We now compare the removal of boron from liquids between our graft-type chelating fibers and a type of commercially available chelating bead.

●校閲のポイント

　調子に乗って，「…競争を始めましょう」をLet us start…と英訳しました。短縮形Let'sではなくLet usとして使っても口語から脱出できないので，理系英語では使えません。Let's, don't, doesn't, can'tといった短縮形は理系英語では使用禁止です。

　Exercise 28では堅すぎて，Exercise 30では柔らかすぎて英文を修正することになりました。

> **日本語訳**
>
> 私たちのグラフト型キレート繊維と市販のキレートビーズの一種との間で，液からのホウ素の除去について，これから比較します。

> **S教授の一言** 血液に関する専門用語として，赤血球，白血球，血小板があります。-cyteという「細胞」を表す接尾辞を使って，それぞれerythrocyte, leucocyte, thrombocyteと言います。医学の世界では，bloodを使って，それぞれred blood cell（RBC），white blood cell（WBC），blood platelet と呼びます。

❖ 「赤ペン」のおわりに

私は「化学英語1」「化学英語2」を所属学科の2年生に10年間教えてきました。三人称単数現在を間違える，スペルミスも多い学生に向かって，「いままで何年，英語を勉強してきたの？」なんて言うと，いまの時代は『パワハラ』と訴えられる可能性があります。そこで，怒りをじっと堪えて，「これからは英文法の基本を身につけたほうがいいよ」「単語もスマホで調べるだけでなく実際に書いてみたほういいよ」言ってあげます。そうは言っても，私はがまんできずに「Back to the junior high school!」と叫び，卒業した中学校の名前を言ってもらうことにしています。中学生時代を思い出させるためです。

付録 A

演 習

　この本に登場した英文から，強力動詞，前置詞を選んで，穴埋問題を作りました。強力動詞はこれだけでなく，100個をめざして自分で集めてみてください。前置詞は文の内容がわからなくても，周囲の単語からわかります。仲のよい動詞や名詞があるのです。また，赤ペン問題を，この本に登場した英文から新たに作りました。

1. 強力動詞

1) This difference between the number of colonies found in the presence or in the absence of DNase was (観察する) .　　　　　　　　　　　　　　observed
2) To (防ぐ) supercooling, we utilized the ice-crystal-forming or capturingcapability of silver iodide.　　　　　　　　　　　　　　　　　　　　　　　　prevent
3) Each tube was immersed in a water bath (保つ) at a prescribed temperature in the range from -5.0 to 5.0℃ .　　　　　　　　　　　　　　　　　　maintained
4) A trace amount of the catalyst is (含 む) in PET products such as transparent bottles and films.　　　　　　　　　　　　　　　　　　　　　　　contained
5) A chelate-forming group is (選択する) for the removal of trace amounts of lead and copper ions from water.　　　　　　　　　　　　　　　　　　　　selected

6) To (促進する) the use of enzymatic reaction systems, enzymes have been immobilized by numerous researchers on various solid supports through covalent binding, adsorption, and physical entrapment.　　　　　　　　　　　promote
7) Irradiation from an electron beam is (応用する) to the sterilization of various materials at a highly precise dose to ensure acceptable cost performance. applied
8) The use of the cation-exchange membrane has greatly (伸ばす) the battery's life.
　　　　　　　　　　　　　　　　　　　　　　　　　　　　　　　prolonged
9) A chelating porous hollow-fiber membrane capable of (除去する) trace amounts of metal ions dissolved in ultrapure water may be applied to the recovery of noble metal ions.　　　　　　　　　　　　　　　　　　　　　　　　removing
10) Since the Fukushima Daiichi nuclear disaster on March 11, 2011, adsorbents for the removal of radionuclides from contaminated water have been (開発する) by a number of universities, research institutes, and private companies.　developed

11) Lysozyme binds to the sulfonic acid-containing polymer brush to (収縮する) it; in contrast, albumin binds to the diethylamino group-containing polymer brush to (膨潤する) it.　　　　　　　　　　　　　　　　　　　　shrink, expand
12) The reaction of oxygen with the radicals (形成する) peroxy radicals.　　forms
13) We now (比較する) the removal of boron from liquids between our graft-type chelating fibers and a type of commercially available chelating bead.　　compare

2.　前置詞

1) Rational mutagenesis experiments were conducted based (　) sequence alignment with several SS proteins.　　　　　　　　　　　　　　　　　on
2) Cell-free systems are emerging as promising alternatives (　) the metabolic engineering of living cells.　　　　　　　　　　　　　　　　　　　　to
3) The freezing of light and heavy water containing sodium chloride at a concentration of up to 1 M was compared (　) the presence and absence of AgI crystals.　　　　　　　　　　　　　　　　　　　　　　　　　　　in
4) (　) comparison, similar experiments were conducted (　) the absence of AgI crystals.　　　　　　　　　　　　　　　　　　　　　　　　　　For, in
5) This order of freezing point is ascribed (　) the higher freezing temperature of heavy water than that of light water.　　　　　　　　　　　　　　　　to

6) In the absence of AgI crystals, none of the water samples froze (　) this cooling temperature range.　　　　　　　　　　　　　　　　　　　　in
7) The 50 %v/v water/heavy water mixture froze (　) 0.0°C in the presence of AgI crystals.　　　　　　　　　　　　　　　　　　　　　　　　　above
8) The difference between the freezing points of water and heavy water was reported as 3.82°C (　) the literature.　　　　　　　　　　　　　　　　in
9) The freezing point of each water decreased linearly (　) NaCl concentration.　　　　　　　　　　　　　　　　　　　　　　　　　　　　with
10) This value was lower by 19% than the cryoscopic constant (　) 1.86°C kg/mol of water.　　　　　　　　　　　　　　　　　　　　　　　　　　of

11) Generally, the term "insoluble" is added (　) the front of "cobalt ferrocyanide."　　　　　　　　　　　　　　　　　　　　　　　　　　　　to
12) 17β-Estradiol that bound (　) polymer brushes was quantitatively eluted with methanol.　　　　　　　　　　　　　　　　　　　　　　　　　to

13) Transglutaminase is a convenient enzyme to use because (   ) the mild conditions of its crosslinking reaction.   of
14) Impregnation of neutral extractants is required to extend the application of membranes (   ) the collection of valuable metal species.   to
15) Essential criteria (   ) adsorbents are high adsorption rate, binding capacity, and durability for repeated use of adsorption and elution.   for
16) Success or failure (   ) the development of novel ion-exchange membranes for electrodialysis depends on the quality of the trunk polymer.   in
17) We have adopted preirradiation grafting polymerization (   ) two reasons: (1) the irradiation process is separated from the grafting process, and (2) the formation of homopolymers is suppressed.   for
18) (   ) the 1970s, the diaphragm of a silver oxide battery with a button shape has been produced by Yuasa Corporation.   Since
19) A mixture of three proteins, i.e., α-chymotrpsinogen, cytochrome C, and lysozyme, was employed as a typical protein solution (   ) a mass ratio of 3:4:3.   at
20) The widths of the first and second peaks corresponding (   ) Nd and Dy ions, respectively, of the HDEHP-impregnated fiber packed column were smaller than those of the HDEHP-impregnated bead-packed column.   to
21) The flow rate of cobalt chloride solution was varied by changing permeation pressure (   ) a range from 0.025 to 0.1 MPa.   over
22) (   ) the proteins bound to the polymer brush, gelsolin was specifically eluted by permeating 2 mmol/L calcium chloride solution through the pores because gelsolin is a calcium-binding protein.   Of

3. 赤ペン

問題

1) The adsorption efficiency was systematically evaluated and optimized under various synthesis and operating condition.
2) This study provides first experimental insight into the effects of increasing chain dispersity on brush properties of nanoparticle systems.
3) The adsorption properties of the adsorbents, including thermodynamics, kinetics

and the influence of critical factors affecting U adsorption from aqueous solution was examined.
4) The freezing point of light and heavy water are 0.00 and 3.82°C, respectively.
5) However supercooling may occur in methods based on cooling and freezing.

6) Deuterium oxide (D_2O) at a purity of 99.9% as heavy water was purchased from Wako Pure Chemicals Co..
7) The number of frozen samples in the presence of AgI crystals after cooling for 1 h vs cooling temperature was plotted in Fig. 1.
8) A marked difference in freezing profiles was observed between the different type of water.
9) The temperatures at which the content of at least one tube was frozen were -1.5, 1.0, and 2.5°C for water, 50 % v/v water/heavy water mixture and heavy water, respectively.

10) The observed freezing points of water, 50 %v/v water/heavy water mixture, and heavy water in the presence of AgI crystals are shown in Fig.2 as a function of NaCl concentration.
11) This hollow fiber has inner and outer diameters of 2 mm and 3 mm, respectively.
12) We achieved an uranium uptake of 0.97g of U/kg of AO-H fibers after 30-day contact.
13) The resultant phenyl-group-containing porous hollow-fiber membranes are refered to as hydrophobic hollow-fiber membranes.
14) The graft-chain phase working as an active site of methyl acetate hydrolysis behave like a liquid.
15) Undesirable solutes in blood are transferred from the blood side to the dialysate side across a nonporous hollow-fiber membrane.

16) The flux of the SS-diol fiber for pure water was much lower than that of the diol and PE fibers.
17) The observed transport rate of copper ions was very higher than the transport rate estimated from the ordinary diffusion of copper ions in the liquid in pores.

答

1) The adsorption efficiency was systematically evaluated and optimized under various synthesis and operating condition**s**.
2) This study provides **the** first experimental insight into the effects of increasing chain dispersity on brush properties of nanoparticle systems.
3) The adsorption properties of the adsorbents, including thermodynamics, kinetics and the influence of critical factors affecting U adsorption from aqueous solution **were** examined.
4) The freezing point**s** of light and heavy water are 0.00 and 3.82℃ , respectively.
5) However**,** supercooling may occur in methods based on cooling and freezing.

6) Deuterium oxide (D_2O) at a purity of 99.9% as heavy water was purchased from Wako Pure Chemicals Co**.**
7) The number of frozen samples in the presence of AgI crystals after cooling for 1 h vs cooling temperature **is** plotted in Fig. 1.
8) A marked difference in freezing profiles was observed between the different type**s** of water.
9) The temperatures at which the content of at least one tube was frozen were -1.5, 1.0, and 2.5℃ for water, 50 % v/v water/heavy water mixture**,** and heavy water, respectively.
10) The observed freezing points of water, 50 %v/v water/heavy water mixture, and heavy water in the presence of AgI crystals are shown in Fig. **2** as a function of NaCl concentration.

11) This hollow fiber has inner and outer diameters of **2 and 3** mm, respectively.
12) We achieved **a** uranium uptake of 0.97 g of U/kg of AO-H fibers after 30-day contact.
13) The resultant phenyl-group-containing porous hollow-fiber membranes are **referred** to as hydrophobic hollow-fiber membranes.
14) The graft-chain phase working as an active site of methyl acetate hydrolysis **behaves** like a liquid.
15) Undesirable solutes in blood are transferred from the blood side to the dialysate side **through** a nonporous hollow-fiber membrane.

16) The flux of the SS-diol fiber for pure water was much lower than **those** of the diol and PE fibers.
17) The observed transport rate of copper ions was **much** higher than the transport rate estimated from the ordinary diffusion of copper ions in the liquid in pores.

ここまでです。何度も繰り返し，トレーニングをしてください。

付録 B

理系英語の鉄則 51

【鉄則 1 】 effect を見たら of と on をセットで探す
【鉄則 2 】 文頭の to 不定詞は目的
【鉄則 3 】 述語の後の to 不定詞は結果
【鉄則 4 】 動詞の名詞形の後の of は「〜を」と訳してみる
【鉄則 5 】 後置修飾句：名詞の直後の 〜 ed は that is 〜 ed としてみる
【鉄則 6 】 カンマ付きの which は「そして，それは…」
【鉄則 7 】 and 警報：バランスのとれた並列構造を探す
【鉄則 8 】 e.g. は for example と読んで「例えば」，i.e. は that is で「すなわち」
【鉄則 9 】 後置修飾句：名詞の直後の 〜 ing は that 〜を補ってみる
【鉄則 10 】 要旨中の this study, this fiber は本研究，本研究の繊維
【鉄則 11 】 A as well as B では A が主役
【鉄則 12 】 an order of magnitude は一桁，two orders of magnitude は二桁
【鉄則 13 】 motor-driven vehicle = vehicle driven by motor
【鉄則 14 】 「…してきた」は継続の現在完了形
【鉄則 15 】 手法の前置詞 by，道具の前置詞 with
【鉄則 16 】 2 項目を順序よく並べる：A and B, respectively
【鉄則 17 】 can 0 〜 100%, may 50%, will 100%
【鉄則 18 】 主語が能動態 or 受動態を決める
【鉄則 19 】 実験は過去形で書く
【鉄則 20 】 一点を表す前置詞 at
【鉄則 21 】 中学校に入ってすぐ習った動詞を使わない
【鉄則 22 】 First, Second, Third, と順に書く
【鉄則 23 】 範囲を表すのは動詞も名詞も range
【鉄則 24 】 同様の similar，同一の identical
【鉄則 25 】 Figure 1 や Table 1 は固有名詞なので大文字で始める
【鉄則 26 】 図表に「示した」でも現在形で書く
【鉄則 27 】 結果は過去形で，考察は現在形で書くのが原則
【鉄則 28 】 various, different に名詞の複数形を続けて「さまざまな」
【鉄則 29 】 3 項目を順序よく並べる：A, B, and C, respectively
【鉄則 30 】 原因 result in 結果，結果 result from 原因

【鉄則 31】of 付き名詞の繰返し回避の that と those
【鉄則 32】セミコロンは therefore と however を伴う
【鉄則 33】理由の接続詞には since や for ではなく because
【鉄則 34】上に超えた点の前置詞 above，下に超えると below
【鉄則 35】対比をつくるカンマ付きの while, whereas
【鉄則 36】y is shown in Figure 1 as a function of x
【鉄則 37】A が増加するにつれて B が増加した：B increased with an increase in A
【鉄則 38】A が増加するにつれて B が減少した：B decreased with an increasing A
【鉄則 39】A によらず B は一定であった：B was constant irrespective of A
【鉄則 40】A は B によく一致した：A agreed well with B
【鉄則 41】～より 30% 高い：higher than ～ by 30%
【鉄則 42】コロンは「すなわち」or「例えば」
【鉄則 43】カンマを付けない関係代名詞は理系英語では that
【鉄則 44】同格の of：時速 50 キロで，a speed of 50 km/h
【鉄則 45】「～からずっと」の継続を表す前置詞 since
【鉄則 46】筆者が 3 名以上なら引用は K. Saito et al.
【鉄則 47】A は B と名付けられる：A is referred to as B
【鉄則 48】A is threefold higher than B. A is 11-fold higher than B
【鉄則 49】対比は in contrast, 反対は on the contrary
【鉄則 50】比較級に much を付けて「ずっと」強める
【鉄則 51】A is two-thirds of B. A is one-tenth of B

　これらの鉄則は，番号が若いほど重要というわけではありません．後ろの番号ほど重要でもありません．すべて重要な鉄則なので，しっかり学んでください．

あとがき

　日本語にしても英語にしても，自分で書いた文は最低でも3回は添削してください．赤いボールペンをもって，原稿を印刷した紙で自分の文を直します．書きっぱなしは許されません．文一つでも，それらが論理によってつながった段落でも，赤ペンを持って見直して修正そして加筆します．

　私の作文術を紹介します．第1ステップ：ノートを買ってきて，黒のボールペンで文を書いていきます．このとき，文と文のつながりに気をつけます．第2ステップ：パソコンの前に座り，原稿が書かれたノートを置いて，ワープロを打ちます．このとき，ノートの文を読み，修正しながら打ち込みます．第3ステップ：打ち込んだ文を印刷して，一文一文を心の中で読みます．このとき，赤のボールペンを持ち，これまでの知識や経験を総動員して文を修正したり，加筆したりします．これによって紙面は真っ赤になります．第4ステップ：赤の部分を丁寧にワープロで直していきます．修正箇所を画面上で確認後に印刷します．第5ステップ：さらに読んで直します．このとき，赤ペン修正・加筆箇所は1ページに2，3個になります．これをワープロで直して印刷します．第6ステップ：1日おいてから読み直し，修正加筆します．これでOKです．したがって，最初にノートに書いた文は，第6ステップまでに軽く1回，深く3回添削されています．

　英文の場合には，これで終わりません．私は30年来，櫨山雄二先生に原稿を送付して校閲してもらっています．10日間ほど待つと，校閲された原稿が添付され，メールが返ってきます．それを印刷してコメントを読みながら，修正していきます．英文を書き始めてから研究雑誌に投稿するまでに最低でも約1ヵ月かかります．

　歳を重ねたからといって英語がうまくなっていくわけではありません．書かなくなるととたんに英語力は低化します．校閲で原稿が真っ赤になってもめげてはいけません．すべては読み手のためです．作文は読者へのサービスです．原稿は日記ではありません．論文は自分のためではなく，読者のために書いてください．

2019年4月 新緑の頃

斎藤　恭一

著者紹介

斎藤　恭一（工学博士）

1953年生まれ。早稲田大学理工学部応用化学科卒業。東京大学大学院工学系研究科化学工学専攻修了。東京大学工学部助手，助教授，千葉大学工学部教授を経て，現在，早稲田大学研究院客員教授。千葉大学名誉教授。社会に役立つ（たとえば，超純水を製造する，タンパク質を精製する，海水ウランを採取する）高分子材料の開発を学生とともに進めている。著書『書ける！理系英語 例文77』（朝倉書店），『理系英語の道は一日にしてならず』（アルク）など多数。

NDC403　138p　21cm

添削形式で学ぶ科学英語論文　執筆の鉄則51

2019年　4月22日　第1刷発行

著　者	斎藤　恭一
発行者	渡瀬昌彦
発行所	株式会社　講談社

〒112-8001　東京都文京区音羽2-12-21
　販　売　(03)5395-4415
　業　務　(03)5395-3615

編　集	株式会社　講談社サイエンティフィク
	代表　矢吹俊吉

〒162-0825　東京都新宿区神楽坂2-14　ノービィビル
　編　集　(03)3235-3701

本文データ制作	株式会社　双文社印刷
カバー・表紙印刷	豊国印刷　株式会社
本文印刷・製本	株式会社　講談社

落丁本・乱丁本は，購入書店名を明記のうえ，講談社業務宛にお送りください。送料小社負担にてお取り替えします。なお，この本の内容についてのお問い合わせは講談社サイエンティフィク宛にお願いいたします。定価はカバーに表示してあります。

© Kyoichi Saito, 2019

本書のコピー，スキャン，デジタル化等の無断複製は著作権法上での例外を除き禁じられています。本書を代行業者等の第三者に依頼してスキャンやデジタル化することはたとえ個人や家庭内の利用でも著作権法違反です。

[JCOPY] 〈(社)出版者著作権管理機構　委託出版物〉

複写される場合は，その都度事前に(社)出版者著作権管理機構（電話 03-5244-5088，FAX 03-5244-5089，e-mail: info@jcopy.or.jp）の許諾を得てください。

Printed in Japan

ISBN978-4-06-515441-0

講談社の自然科学書

Judy 先生の耳から学ぶ科学英語　CD 付き	野口ジュディー／著	本体 3,400 円
Judy 先生の英語科学論文の書き方　増補改訂版	野口ジュディーほか／著	本体 3,000 円
Judy 先生の成功する理系英語プレゼンテーション　CD 付き	野口ジュディーほか／著	価格 2,800 円
理系留学生のための日本語	野口ジュディー／監修　林 洋子／著	本体 2,300 円
ESP にもとづく工業技術英語　CD 付き	野口ジュディー・深山晶子／監修	価格 1,900 円
科学者のための英文手紙・メール文例集　CD-ROM 付き	阪口玄二・逢坂 昭／著	価格 3,500 円
特許の英語表現・文例集　増補改訂版	W.C. ローランドほか／著	本体 3,400 円
特許翻訳の基礎と応用	倉増 一／著	本体 3,500 円
金融英語の基礎と応用	鈴木立哉／著	本体 3,500 円
できる技術者・研究者のための特許入門	渕 真悟／著	本体 2,400 円
できる研究者の論文生産術　どうすれば「たくさん」書けるのか	ポール・J・シルヴィア／著　高橋さきの／訳	本体 1,800 円
英語で読む 21 世紀の健康	阿部祥子・正木美知子／著	本体 1,800 円
これからの健康とスポーツの科学　第 4 版	安部 孝・琉子友男／編	本体 2,400 円
新版　乳酸を活かしたスポーツトレーニング	八田秀雄／著	本体 1,900 円
トレーニング科学　最新エビデンス	安部 孝／編	本体 2,800 円
コアコンディショニングとコアセラピー	平沼憲治・岩崎由純／監修　蒲田和芳・渡辺なおみ／編	本体 4,200 円
コアセラピーの理論と実践	平沼憲治・岩崎由純／監修　蒲田和芳／編集	本体 4,200 円
スポーツカウンセリング入門	内田 直／著	本体 2,200 円
健康・運動の科学	田口貞善／監修	本体 2,200 円
高齢者の筋力トレーニング	都竹茂樹／著	価格 2,800 円
リアライン・トレーニング　体幹・股関節編	蒲田和芳／著	価格 3,600 円
講談社オランダ語辞典	㈶日蘭学会／監修	本体 7,800 円
マンガ「種の起源」	田中一規／著	本体 1,400 円
新課程版　ドラゴン桜式　数学力ドリル――数学Ⅰ・A	牛瀧文宏・三田紀房・モーニング編集部／監修	本体 700 円
新課程版　ドラゴン桜式　数学力ドリル――数学Ⅱ・B	牛瀧文宏・三田紀房・モーニング編集部／監修	本体 700 円
新課程版　ドラゴン桜式　数学力ドリル――数学Ⅲ	牛瀧文宏・三田紀房・モーニング編集部／監修	本体 700 円
PowerPoint による理系学生・研究者のためのビジュアルデザイン入門	田中佐代子／著	本体 2,200 円
歴史を織りなす女性たちの美容文化史	ジェニー牛山／著	本体 2,000 円
超ひも理論をパパに習ってみた　天才物理学者・浪速阪教授の 70 分講義	橋本幸士／著	本体 1,500 円
偏差値 20 台から医学部合格したけど、何か質問ある？	可児良友／著	本体 1,600 円

※表示価格は本体価格（税別）です。消費税が別に加算されます。　　「2019 年 4 月現在」

講談社サイエンティフィク　http://www.kspub.co.jp/

講談社の自然科学書

新版 理系のためのレポート・論文完全ナビ	見延庄士郎／著	本体 1,900 円
アロマとハーブの薬理学	川口健夫／著	本体 2,400 円
学振申請書の書き方とコツ	大上雅史／著	本体 2,500 円
長沼式合格確実シリーズ 日本留学試験対策問題集 数学コース1	太田伸也／監修 唐津裕貴／著 学校法人長沼スクール東京日本語学校／編著	本体 2,400 円
長沼式合格確実シリーズ 日本留学試験対策問題集 総合科目	曽根ひろみ／監修 塚原佑紀／著 学校法人長沼スクール東京日本語学校／編著	本体 2,600 円
英文ニュースで学ぶ健康とライフスタイル	田中芳文／編著	本体 2,600 円
できる研究者の論文作成メソッド 書き上げるための実践ポイント	ポール・J・シルヴィア／著 高橋さきの／訳	本体 2,000 円
もっとなっとく使えるスポーツサイエンス	征矢英昭・本山 貢・石井好二郎／著	本体 2,000 円
増補版 寄生蟲図鑑 ふしぎな世界の住人たち	目黒寄生虫館／監修 大谷智通／著 佐藤大介／絵	本体 2,300 円
やさしい英語ニュースで学ぶ現代社会と健康	田中芳文／著	本体 2,400 円
学生のためのSNS活用の技術 第2版	高橋大洋・吉田政弘／著 佐山公一／編著	本体 2,200 円
英語論文ライティング教本	中山裕木子／著	本体 3,500 円
日本発宇宙行き「国際リニアコライダー」	有馬雅人／著	本体 1,200 円
ドラゴン桜2式 算数力ドリル	牛瀧文宏・三田紀房・コルク・モーニング編集部／監修	本体 900 円
ドラゴン桜2式 数学力ドリル 中学レベル篇	牛瀧文宏・三田紀房・コルク・モーニング編集部／監修	本体 1,000 円
「宇宙のすべてを支配する数式」をパパに習ってみた	橋本幸士／著	本体 1,500 円
ジェニー牛山先生の美と健康のレシピ	ジェニー牛山／著	本体 2,000 円
やさしいメディカル英語	髙木久代／編	本体 1,900 円
やさしい栄養英語	田中芳文／著編・中里菜穂子・松浦加寿子／著	本体 1,800 円
はじめての計測工学 改訂第2版	南 茂夫・木村一郎・荒木 勉／著	本体 2,600 円
はじめてのロボット創造設計 改訂第2版	米田 完・坪内孝司・大隅 久／著	本体 3,200 円
ここが知りたいロボット創造設計	米田 完・大隅 久・坪内孝司／著	本体 3,500 円
最新 使える！MATLAB 第2版	青山貴伸・蔵本一峰・森口 肇／著	本体 2,800 円
使える！MATLAB/Simulinkプログラミング	青山貴伸／著	本体 8,000 円
今日から使える！ MATLAB	青山貴伸・蔵本一峰・森口 肇／著	本体 2,800 円
今日から使える！ 組合せ最適化 離散問題ガイドブック	穴井宏和・斉藤 努／著	本体 2,800 円
入門 共分散構造分析の実際	朝野熙彦・鈴木督久・小島隆矢／著	本体 2,800 円
治験の統計解析	A.ドミトレンコ／著 森川 馨・田崎武信／監訳	本体 9,500 円
図解 はじめての固体力学	有光 隆／著	本体 2,800 円
予測にいかす統計モデリングの基本	樋口知之／著	本体 2,800 円

※表示価格は本体価格（税別）です。消費税が別に加算されます。 「2019年4月現在」

講談社サイエンティフィク　http://www.kspub.co.jp/

講談社の自然科学書

はじめてのメカトロニクス実践設計	米田 完・中嶋秀朗・並木明夫／著	本体 2,800 円
図解　設計技術者のための有限要素法はじめの一歩	栗﨑 彰／著	本体 2,400 円
図解　設計技術者のための有限要素法実践編	栗﨑 彰／著	本体 2,000 円
博物館資料保存論	石﨑武志／編著	本体 2,200 円
博物館展示論	黒沢 浩／編著	本体 2,400 円
博物館教育論	黒沢 浩／編著	本体 2,400 円
学芸員のための展示照明ハンドブック	藤原 工／著	本体 3,000 円
はじめての統計 15 講	小寺平治／著	本体 2,000 円
はじめての線形代数 15 講	小寺平治／著	本体 2,200 円
図解　はじめての材料力学	荒井政大／著	本体 2,500 円
はじめての現代制御理論	佐藤和也・下本陽一・熊澤典良／著	本体 2,600 円
数理最適化の実践ガイド	穴井宏和／著	本体 2,800 円
はじめてのトライボロジー	佐々木信也／ほか著	本体 2,800 円
はじめての線形代数学	佐藤和也／ほか著	本体 2,200 円
はじめてのアナログ電子回路	松澤 昭／著	本体 2,700 円
はじめての技術者倫理	北原義典／著	本体 2,000 円
やさしい信号処理	三谷政昭／著	本体 3,400 円
初歩からの線形代数	長崎生光／監修　牛瀧文宏／編集	本体 2,200 円
理科教育法	川村康文／著	本体 3,600 円
スタンダード工学系の微分方程式	広川二郎・安岡康一／著	本体 1,700 円
スタンダード工学系の複素解析	安岡康一・広川二郎／著	本体 1,700 円
スタンダード工学系のベクトル解析	宮本智之・植之原裕行／著	本体 1,700 円
スタンダード工学系のフーリエ解析・ラプラス変換	宮本智之・植之原裕行／著	本体 2,000 円
ゼロからはじめる音響学	青木直史／著	本体 2,600 円
微分積分学の史的展開　ライプニッツから高木貞治まで	高瀬正仁／著	本体 4,500 円
メタマテリアルハンドブック　基礎編	F. カッポリーノ／編著	本体 32,000 円
メタマテリアルハンドブック　応用編	F. カッポリーノ／編著	本体 30,000 円
マレー　原子力学入門	レイモンド.マレー・キース.ホルバート／著	本体 13,000 円
はじめての生産加工学 1　基本加工技術編	帯川利之・笹原弘之／編著	本体 2,200 円
はじめての生産加工学 2　応用加工技術編	帯川利之・笹原弘之／編著	本体 2,200 円

※表示価格は本体価格（税別）です。消費税が別に加算されます。　「2019 年 4 月現在」

講談社サイエンティフィク　http://www.kspub.co.jp/

講談社の自然科学書

おもしろいほど数学センスが身につく本	橋本道雄／著	本体 2,600 円
だれでもわかる数理統計	石村貞夫／著	本体 1,900 円
だれでもわかる微分方程式	石村園子／著	本体 1,900 円
はじめての生体工学	山口昌樹・石川拓司・大橋敏朗・中島求／著	本体 2,800 円
基礎から学ぶ電気電子・情報通信工学	田口俊弘・堀内利一・鹿間信介／著	本体 2,400 円
実践のための基礎統計学	下川敏雄／著	本体 2,600 円
生物系のためのやさしい基礎統計学	藤川 浩・小泉和之／著	本体 2,200 円
はじめての電子回路 15 講	秋田純一／著	本体 2,200 円
はじめてのアナログ電子回路 実用回路編	松澤 昭／著	本体 3,000 円
これだけは知っておきたい！機械設計製図の基本	米田 完・太田祐介・青木岳史／著	本体 2,200 円
新しい微積分（上）	長岡亮介・渡辺 浩・矢崎成俊・宮部賢志／著	本体 2,200 円
新しい微積分（下）	長岡亮介・渡辺 浩・矢崎成俊・宮部賢志／著	本体 2,400 円
新版 ファイナンスの確率解析入門	藤田岳彦／著	本体 3,200 円
Arduino と Processing ではじめるプロトタイピング入門	青木直史／著	本体 2,300 円
ホログラフィ入門	伊藤智義・下馬場朋禄／著	本体 4,000 円
テレロボティクスから学ぶロボットシステム	松日楽信人／著	本体 2,700 円
はじめての微分積分 15 講	小寺平治／著	本体 2,200 円
測度・確率・ルベーグ積分 応用への最短コース	原 啓介／著	本体 2,800 円
世界一わかりやすい電気・電子回路 これ 1 冊で完全マスター！	薮 哲郎／著	本体 2,900 円
土木の基礎固め 水理学	二瓶泰雄・宮本仁志・横山勝英・仲吉信人／著	本体 2,800 円
ゼロからはじめる制御工学	竹澤 聡／著	本体 2,800 円
はじめての制御工学 改訂第 2 版	佐藤和也・平元和彦・平田研二／著	本体 2,600 円
線形性・固有値・テンソル	原 啓介／著	本体 2,800 円
ライブ講義 大学 1 年生のための数学入門	奈佐原顕郎／著	本体 2,900 円
耐震工学	福和伸夫・飛田 潤・平井 敬／著	本体 3,300 円
実験室の笑える？笑えない！事故実例集	田中陵二・松本英之／著	本体 1,500 円
新版 有機反応のしくみと考え方	東郷秀雄／著	本体 4,800 円
理工系大学 基礎化学実験 第 4 版	東京工業大学化学実験室／編	本体 2,300 円
詳説 無機化学	福田 豊・海崎純男・北川 進・伊藤 翼／編	本体 4,280 円
無機工業化学	金澤孝文・谷口雅男・鈴木 喬・脇原將孝／著	本体 2,816 円

※表示価格は本体価格（税別）です。消費税が別に加算されます。　「2019 年 4 月現在」

講談社サイエンティフィク　http://www.kspub.co.jp/

講談社の自然科学書

界面・コロイド化学の基礎	北原文雄／著	本体 3,400 円
新版 石油精製プロセス	石油学会／編	本体 25,000 円
有機合成化学	東郷秀雄／著	本体 3,900 円
最新工業化学	野村正勝・鈴鹿輝男／編	本体 3,300 円
改訂 有機人名反応 そのしくみとポイント	東郷秀雄／著	本体 3,900 円
若手研究者のための有機合成ラボガイド	山岸敬道・山口素夫・佐藤 潔／著	本体 4,200 円
新版 すぐできる 量子化学計算ビギナーズマニュアル	平尾公彦／監修 武次徹也／編	本体 3,200 円
すぐできる 分子シミュレーションビギナーズマニュアル DVD-ROM付	長岡正隆／編著	価格 4,500 円
高分子の合成（上）	遠藤 剛／編	本体 6,300 円
高分子の合成（下）	遠藤 剛／編著	本体 6,300 円
新版 現代物性化学の基礎	小川桂一郎・小島憲道／編	本体 3,000 円
化学版 これを英語で言えますか？	齋藤勝裕・増田秀樹／著	本体 1,900 円
香料の科学	長谷川香料株式会社／著	本体 2,500 円
高分子の構造と物性	松下裕秀／編著	本体 6,400 円
高分子赤外・ラマン分光法	西岡利勝／編著	本体 13,000 円
光散乱法の基礎と応用	柴山充弘ほか／編著	本体 5,000 円
これからの環境分析化学入門	小熊幸一ほか／編著	本体 2,900 円
免疫測定法	生物化学的測定研究会／著	本体 7,800 円
ウエスト固体化学 基礎と応用	A.R. ウエスト／著	本体 5,500 円
ナノ材料解析の実際	米沢 徹・朝倉清髙・幾原雄一／編著	本体 4,200 円
たのしい物理化学1	加納健司・山本雅博／著	本体 2,900 円
熱分析 第4版	吉田博久・古賀信吉／編著	本体 7,200 円
X線・光・中性子散乱の原理と応用	橋本竹治／著	本体 7,000 円
新版 石油化学プロセス	石油学会／編	本体 30,000 円
ACSスタイルガイド アメリカ化学会 論文作成の手引き	Anne M. Coghill／Lorrin R. Garson／編 中山裕木子／訳	本体 5,000 円
改訂 酵素——科学と工学	虎谷哲夫ほか／著	本体 3,900 円
改訂 細胞工学	永井和夫・大森 斉・町田千代子・金山直樹／著	本体 3,800 円
バイオ機器分析入門	相澤益男・山田秀徳／編	本体 2,900 円
生物有機化学入門	奥 忠武ほか／著	本体 3,200 円
生物有機化学がわかる講義	清田洋正／著	本体 2,300 円

※表示価格は本体価格（税別）です。消費税が別に加算されます。 「2019年4月現在」

講談社サイエンティフィク　http://www.kspub.co.jp/